영화로 새로 쓴

지구과학 교과서

영화로 새로 쓴

지구과학 교과서

최원석 지음

이치 ichi SCIENCE

머리말

내가 어린 시절 가장 감동 깊게 본 영화는 바로 〈스타워즈〉였다. 광활한 우주를 배경으로 우주선이 날아다니고, 광선총에서 발사된 레이저 광선이 화면 가득 지나가는 장면이 어린 나에게는 평생 잊을 수 없는 감동으로 다가왔다. 〈스타워즈〉를 본 이후에도 내가 좋아하는 영화는 주로 우주를 배경으로 한 〈스타트렉〉과 같은 영화였다 내 메일 주소의 nettrek도 바로 startrek에서 따온 것이다. 또한 TV 애니메이션 〈은하철도 999〉도 빠지지 않고 보는 프로그램이었다. 이렇게 우주를 배경으로 하는 영화를 좋아한 이유는 수많은 별이 나오는 장면을 보고 있으면 나도 모르게 그 속으로 빨려 들어가는 듯한 느낌이 좋았기 때문이다. 또한 우주를 여행하면서 보여주는 우주와 우주인의 모습이 신기하기 그지없었다. 나에게는 그 어떤 판타지보다 더 많은 상상을 할 수 있게 했던 것이 바로 이러한 영화들이었다. 이후 나는 칼 세이건의 『코스모스』를 매일 밤 읽을 만큼 우주의 매력에 푹 빠져버렸고, 아마추어 천문관측회에서 활동할 만큼 우주가 좋았다. 우주에 대한 나의 관심은 이후 다양한 과학 분야로 넓어졌고, 이것이 지금까지 내가 과학을 좋아하게 된 계기가 되었다. 따라서 나를 과학의 세계로 인도하는 데 가장 큰 역할을 한 것은 두말할 필요 없이 바로 SF영화였던 것이다.

SF는 인간을 무한한 상상의 세계로 인도하며, 그들에게 꿈과 희망을 불어넣어 새로운 세상으로 모험을 떠나도록 만든다. 만약 달에서 옥토끼가 방아를 찧는다고 생각하고 말았다면 인간은 결코 달에 갈 수 없었을 것이다. 비록 유치하기는 하지만 거대한 대포로 달을 향해 날아갈 수 있다는 상상력이 고다드 박사로 하여금 로켓을 만들게 하는 원동력이 되었다. 또한 사람들은 바닷속을 탐험하는 네모 선장의 이야기에 만족하지 않고 기어이 잠수정을 타고 바닷속으로 들어가려고 노력했기에 가장 깊은 마리아나 해구도 정복할 수 있었던 것이다.

특히 영화는 지구과학이라는 학문의 특성상 교과서는 물론이고 어떤 다큐멘터리보다 더 지구과학의 매력을 잘 나타내 줄 수 있다. 이는 〈스타트렉〉의 오프닝에 등장하는 "Space! The Final Frontier 우주! 마지막 개척지!"라는 문구처럼 새로운 세상을 찾아 떠나고 그것을 탐구한 과학자들의 이야기가 모인 것이 바로 지구과학이기 때문이다. 이렇게 모험 가득하고 드라마틱한 지구과학의 매력을 영화보다 더 잘 나타내 줄 수 있는 것은 없을 것이다. 〈트위스터〉에서 자동차도 날려버리는 토네이도를 연구하기 위해 목숨을 걸었던 기상학자 조, 사람들을 구하기 위해 부지런히 뛰어다녔던 〈단테스피크〉의 화산학자 해리, 공룡화석을 연구하던 〈쥬라기 공원〉의 샘과 같은 지구과학자들의 모습은 다른 영화 속 영웅들의 모습과 크게 다르지 않다. 물론 영화가 대부분의 지구과학을 연구하는 학자들의 모습을 과장되게 묘사하고 있다고 할지라도 아이들에게 지구과학자의 매력을 영화보다 더 효과적으로 전달할 수 있는 것은 없을 것이다. 즉 〈쥬라기 공원〉 한편이 아이를 공룡학자로 성장하게 만들 수 있다는 것이다. 또한 영화는 교실에서 보여주기 힘든 과학적 사실을 보여주는 데도 안성맞춤이다. 행성의 운동이나 지진, 판의 운동과 같은 것들은 교실에서 직접 실험할 수 없는 것들이다. 이러한 것들을 영화를 통해 확인해 본다면 더욱 오래 기억하게 될 것이다.

『영화로 새로 쓴 지구과학 교과서』는 『영화로 새로 쓴 물리 교과서』 이후 영화를 활용한 교과서 시리즈의 두 번째 책이다. 이 시리즈는 총 4권으로 구성되어 있으며, 앞으로 화학과 생물에 관한 책도 준비 중이다. 그리고 시리즈가 완간되면 『영화로 새로 쓴 자연과학 개론』까지 계속 수정 보완할 생각이다. 이제 과학을 찾기 위해 영화를 본 지도 10년이 넘었다. 솔직히 영화 속에서 과학을 찾는 일에 잠시 회의를 느낀 적도 있지만, 다시 생각해 봐도 역시 과학문화 확산을 위해서는 영화보다 좋은 것이 없다고 확신한다.

끝으로 이 책이 나오는 데 도움을 주신 여러분께 감사의 인사를 드려야 하겠다. 중앙고등학교에 근무할 당시 내 책에 대해 아낌없는 애정과 관심을 표현해 주고, 이번 원고도 꼼꼼하게 검토해 주신 중앙고등학교 이금미 선생님, 바쁜 고3 담임임에도 시간을 내서 원고를 읽어주신 상모고등학교 이영숙 선생님이 많은 도움을 주셨다. 또한 선생님의 책이라고 관심을 보이며 원고를 읽어준 상모고등학교 신동 학생에도 고맙다는 말을 해야 할 것 같다. 그리고 원고를 철저하게 분석해 수많은 지적을 주신 도서출판 이치의 편집부와 조승식 사장님도 고마운 분들이다. 이 외에도 사랑하는 가족들과 제자들의 격려와 관심이 있었기에 이 책이 완성될 수 있었다.

2010년 봄

최 원 석 nettrek@chol.com

CONTENTS

1

하나뿐인 지구

지구 탐구 * 지구 환경 * 지구 환경의 변화

1 지구 탐구

지구과학이란?

그러기에 지구과학 공부 좀 하지. 재난 대책반장이란 사람이 화산폭발의 원리도 모르다니…

볼케이노 LA 지하의 온도가 갑자기 올라가고, 연못의 물에서 가스가 분출되는 등 이상한 징후들이 나타난다. 이러한 징후들은 곧 화산이 폭발할 것이라는 것을 알려주는 것들이다. 에이미 반즈 박사(앤 허쉬 분)는 이러한 것을 연구하여 재난 대책반장인 마이크 로크(토미 리 존스 분)에게 알려준다. 그녀의 직업은 지질학자인데, 그렇다면 지구과학의 영역은 어떻게 나누어질까?

지구과학은 인간이 살고 있는 지구와 지구가 속해 있는 우주에서 일어나는 각종 현상을 과학적인 방법을 통해 연구하는 학문이다. 전통적으로 지구과학의 영역은 크게 4가지로 구분한다. 지구의 구조와 지각에 대해 연구하는 지질학, 대기의 성분과 기후 변화에 대해 연구하는 대기 과학, 해양의 구조와 해수의 운동에 대해 연구하는 해양학, 태양계와 우주에 대해 연구하는 천문학이 그것이다. 〈볼케이노〉의 반즈 박사나 〈단테스피크〉의 화산학자인 해리 피어스 브로스넌 분와 같은 경우에는 지질학에 대한 연구를 하는 것이며, 〈트위스터〉에서 토네이도를 연구하는 돌풍 추적대는 바로 대기 과학 분야인 기상학에 대한 연구를 하는 것이다. 이러한 과학자들은 지구과학의 연구를 통해 인간 생활의 질을 높이려고 한다. 또한 지구과학 연구를 통해 지구가 변함없이 오랜 세월 동안 존재해 온 것이 아니라 많은 변화를 겪어 왔으며 지금도 매우 심한 변화를 겪고 있다는 것을 알게 되었다.

단테스피크 해리는 자신이 지질학자가 아니라 정확히는 화산학자라고 아이들에게 설명한다.

지구과학적 사건은 해리의 연구와 같이 짧은 시간 내에 원인에 따른 결과를 확인할 수 있는 경우도 있지만, 인간의 일생과 비교하는 것 자체가 의미가 없을 정도로 오랜 시간 동안 진행되는 사건이 더 많다. 흔히 천문학적인 시간이나 공간이라고 하는 것은 이것이 그만큼 광대하기 때문에 이렇게 표현하는 것으로 지구과학은 매우 오랜 시간과 광대한 규모를 연구하는 과학 분야이다. 해리가 화산을 연구하기 위해 로봇을 대신 보내는 것이나 〈트위스터〉에서 위험을 무릅쓰고 토네이도 속으로 연구 기기를 밀어 넣어야 하는 것과 같이 지구과학의 연구 대상들은 접근하기 어려운 특성도 가지고 있다.

지구과학의 탐구 방법에는 어떤 것이 있을까?

단테스피크 화산학자인 해리는 시골의 조용한 마을에 화산이 폭발할 가능성이 있는지 연구하러 간다. 해리는 마을에 임시 연구소를 차려 놓고 화산 폭발 징후를 찾기 위해 지진계를 설치하고, 분화구를 조사하며, 호수 주변의 가스를 조사한다. 이러한 해리의 활동으로부터 지구 과학의 탐구 활동이 어떻게 진행되는지 정리해 보면?

슈퍼영웅만 사람들을 위협으로부터 지키는 것은 아니다. 화산학자들이 화산 폭발 징후를 얼마나 빨리 경고하는지에 따라 많은 사람들의 목숨을 구할 수 있다. 화산 학자들 멋져부러~

지구과학의 탐구에 이용되는 활동으로는 관측, 조사, 실험, 원격 탐사, 자료 처리 등이 있다. 〈아마겟돈〉에서 지구를 향해 다가오는 소행성을 관찰하는 것은 관측에 해당한다. 〈단테스피크〉의 해리처럼 지진파를 탐지하고, 호수 물의 수소 이온지수를 측정하는 것은 조사에 해당한다. 〈투모로우〉에서 온실가스가 기후에 어떤 영향을 미칠지 컴퓨터 모의실험을 하는 것은 실험에 속한다. 〈에이리언

아마겟돈 애처로운 눈빛을 하고 대통령에게 왜 천문학 예산을 조금밖에 주지 않았느냐고 뒤늦게 항의(?)해 본다. 그러기에 예산으로 수정구슬점 같은 점성술 비용의 1%만 줘도 미리 알려주잖아!

VS 프레데터〉에서 인공위성으로 지구의 광범위한 지역을 탐사하는 장면이 등장하는데, 이러한 활동이 원격 탐사이다. 이러한 활동을 통해 얻어진 자료를 처리하여 해석하는 것이 자료 처리 활동이다.

2 지구 환경

지구의 환경

6천 5백 만 년 전에 떨어진 거대한 운석은 공룡들에게는 마른하늘에 날벼락이었을 것이다. 오늘날의 우리에게도 이런 황당한 사건이 생기지 말라는 법은 없다는 것이 문제다.

아마겟돈 지구를 향해 커다란 소행성이 날아가는 장면으로 영화는 시작된다. 6천 5백만 년 전 지구에 떨어진 거대한 운석이 공룡을 멸종시킨 것은 역사적 사실이며 오늘날에도 일어날 수 있는 사건이라고 강조한다. 그리고 '글로벌 킬러'라는 거대한 운석으로부터 지구를 지키기 위해 이를 파괴하기 위한 인간의 노력이 펼쳐진다. 그렇다면 우주선을 타고 소행성으로 날아간 우주인들이 지키고자 한 지구는 어떻게 구성되어 있을까?

지구는 인간이 알고 있는 한 우주에서 생명이 살고 있는 유일한 행성이다. 물론 지구 이외의 다른 행성에서도 생명체가 있을 가능성은 얼마든지 있지만 아직까지 우리는 지구 밖에서는 생명체를 발견하지 못했다. 태양으로부터 적당한 거리에 떨어져 있는 지구는 액체 상태의 물과 대기를 가지고 있어 생명체들이 번성하고 있다. 만약 지구가 태양에 조금만 더 가까웠으면 온도가 높아 물은 모두 증발해 버렸을 것이고, 조금만 더 멀었다면 물은 얼음 상태로 존재하고 있을 것이다. 이러한 소중한 지구는 대기권기권, 수권, 암권, 생물권으로 구성되어 있고, 이 요소들은 각각 다른 영역들과 끊임없이 상호작용을 한다. 즉 수권에서 기권으로 수증기가 공급되고, 수증기는 비가 되어 암권을 침식시키며, 암권에서는 생물체에게 영양을 공급해 생물권을 유지하는 등 상호 영향을 주는 것이다.

이러한 상호작용에 필요한 에너지는 태양 에너지와, 지구 내부의 방사성 물질의 분열에 의한 열에너지로부터 얻어진다. 에너지의 경우 단파장 복사의 형태로 태양에서 지구로 들어오기도 하고, 장파장 복사의 형태로 지구에서 우주로 방출되기도 한다. 〈아마겟돈〉에서는 커다란 소행성이 지구에 떨어지게 되는데, 이와 같이 극히 드문 경우를 제외하면 지구는 외부와 물질의 출입이 없다. 지구과학에서는 물질과 에너지의 이동에 따라 다음과 같이 3가지 계로 구분한다.

아마겟돈 매년 수많은 운석이 떨어지지만 지구의 질량에 비하면 무시할 정도이다.

고립계	물질과 에너지의 출입이 없는 경우
닫힌계	에너지의 이동만 일어나고 물질의 출입은 없는 경우
열린계	물질과 에너지의 출입이 모두 일어나는 경우

따라서 지구는 닫힌계이며, 대기권과 수권, 암권, 생물권은 열린계이다. 사전적 의미 또는 일반적으로 닫힌계는 외부와 에너지 교환을 하지 않는 계라고 구분하는데, 지구과학에서 사용하는 개념과 차이가 난다.

정말 소중한 대기권(기권)

지구 밖에서 지구를 순찰하고 있는 슈퍼맨. 지구 밖에서 우주복 없이 견딜 수 있는 사람(?)은 슈퍼맨밖에 없다.

슈퍼맨 정의의 사자 슈퍼맨은 지구를 지키는 외계인임에도 불구하고, 종종 성조기를 들고 다닌다. 만화와 영화 속의 이러한 표현 덕분에 슈퍼맨은 미국인들 사이에서 가장 사랑 받는 캐릭터가 된 것인지도 모른다. 여하튼 슈퍼맨이 지켜 낸 지구의 하늘은 푸른색이지만, 〈아폴로 13〉에서 보면 달의 하늘은 검다. 왜 이런 차이가 생기는 것일까?

지구의 하늘이 푸르게 보이거나 또는 노을에 물들어 붉게 보이는 것과 달리 달의 하늘은 항상 검게 보인다. 이러한 차이가 생기는 이유는 달에는 대기가 없지만 지구에는 대기가 있기 때문이다. 다시 말해 지구의 대기가 태양 광선을 산란빛이 사방으로 흩어지는 현상시켜 이러한 현상이 생긴다. 대기는 인간에게 아름다운 하늘을 선물할 뿐만 아니라 인간의 생존에도 아주 중요한 구실을 한다. 〈미션 투 마스〉에서 우디는 스스로 목숨을 끊기 위해 우주복의 헬멧을 벗어 버리는 장면이 나오는데, 헬멧을 벗자 우디는 순식간에 얼어버린다. 또 〈딥임팩트〉에서 한 우주인은 헬멧의 바이저햇빛 가리개를 하지 않고 태양을 쳐다보는 바람에 눈과 얼굴에 화상을 입는다. 우주에서 우주복 없이는 아무리 특수 훈련을 받은 우주인이라 하더라도 1분 이상 버틸 수 없다. 이와 같이 우주복은 우주에서 숨을 쉴 수 있게 해주고, 추위를 막아주며, 유해한 광선으로부터 우주인을 보호해 주는 구실을 한다. 지구의 대기권은 우리에게는 소중한 우주복인 셈이다. 대기권의 존재가 얼마나 중요한지는 〈아폴로 13〉에서 달 표면을 보면 잘 알 수 있다. 영화를 보면 달 표면은 지구와 달리 온통 구멍투성이다. 달 표면은 대기가 없어 우주에서 떨어지는 많은 유성체가

미션 투 마스 우주복 없이 우주에 있게 되면 이렇게 얼어버리게 될까?

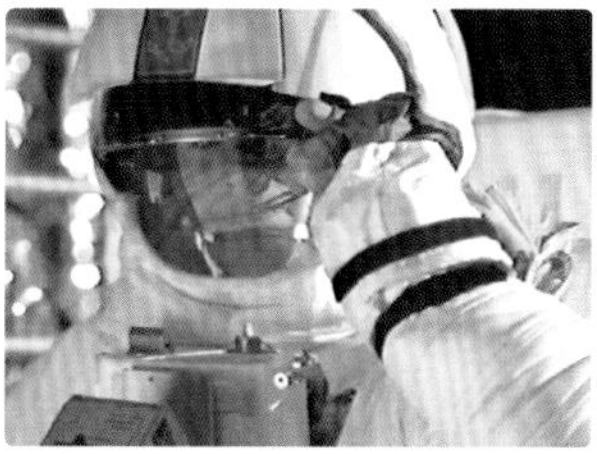

아폴로 13 우주복은 우주 공간의 유해한 요소로부터 우주인을 보호해 주는 역할을 한다.

아폴로 13 공기가 없는 달에서는 밤이든 낮이든 검은 하늘을 배경으로 지구와 별을 볼 수 있다.

그대로 충돌하기 때문이다. 이에 비해 지구의 대기는 우주에서 날아오는 많은 유성체를 땅에 떨어지기 전에 태워 버린다.

몽골피에 형제가 열기구를 만드는 데 성공하고, 샤를이 수소기구를 만들어 하늘 높이 올라가는 모험을 유행시키기 전까지 눈 덮인 높은 산보다 위로 올라가 본 사람은 없었다. 따라서 사람들은 하늘 높이 올라가면 어떤 일이 벌어지는지 정확하게 알지 못했다. 19세기에 기구를 이용해 높이 올라간 과학자들 중에는 정신을 잃거나 죽는 사람도 생겼다. 이것은 높이 올라갈수록 공기가 희박해지기 때문이다. 〈고공침투〉를 보면 비행기의 문짝이 떨어져 나가자 조종실의 계기판에는 압력이 떨어지고 있다고 표시되고, 객실에는 산소마스크가 자동으로 내려오는 장면이 있는데 이는 바로 산소가 부족하기 때문이다.

고공침투 비행기의 압력이 떨어지자 산소마스크가 내려온다.

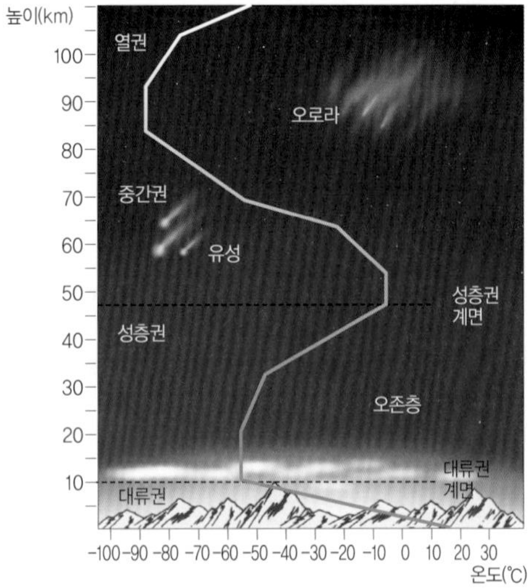

온도에 따른 대기권의 구분

이와 같이 생물에게 더없이 소중한 대기의 구조는 많은 사람들의 관심거리였다. 과학자들은 대기권을 연구하여 높이에 따른 온도의 변화에 따라 대류권, 성층권, 중간권, 열권으로 구분하였으며, 대기 성분 비율에 따라 균질권과 비균질권으로 구분하였다.

대류권을 알면 날씨가 보여요

인공위성에서 본 허리케인의 모습은 거대한 솜사탕을 보는 듯하다. 하지만 구름 아래에 있는 사람들은 엄청난 비와 바람에 죽을 맛이다.

퍼펙트 스톰 만선의 꿈을 안고 플래미쉬 캡으로 고기를 잡으러 갔던 어선이 초대형 허리케인과 마주하게 된다. 힘들게 잡은 고기가 냉동기의 고장으로 쓸모없게 될지도 모르는 상황에 처하자 그들은 목숨 걸고 허리케인과 맞서려고 한다. 어부들의 생생한 일상과 거대한 허리케인의 모습이 일품이기는 하지만 다소 지루하게 느낄 수도 있는 영화이다. 그렇다면 이 영화에 등장하는 거대한 허리케인과 같은 기상 현상은 어디서 발생하는 것일까?

익스트림 OPS 산꼭대기는 지상보다 온도는 낮고, 자외선은 훨씬 많이 쬔다.

〈익스트림 OPS〉에서 주인공과 동료들은 광고를 찍기 위해 높은 산에서 스노보드를 타고 내려온다. 이때 그들은 눈을 보호하기 위한 고글과 함께 추위를 막기 위한 방한복을 입고 있다. 언뜻 생각하면 산 정상으로 올라갈수록 태양에 가까워지면서 뜨거운 열 때문에 고글을 쓴다고 생각할 수 있으나 그렇지 않다. 대류권에서는 높이 올라갈수록 공기가 부족해 자외선을 효과적으로 막아주지 못하며, 눈雪에 반사된 더 많은 양의 자외선이 얼굴에 비치기 때문에 착용하는 것이다. 또한 산 위로 올라갈수록 기온이 낮아져 방한복과 장갑 같은 방한 용품을 준비해야 한다. 대류권에서는 지표면에서 나오는 지구복사에너지의 영향을 받아 기온이 상승하기 때문에 고도가 높아지게 되면 기온이 내려가는 것이다. 물론 태양에 가깝게 접근하면 기온이 올라가겠지만 지표면이나 하늘 위나 태양까지 거리에 비하면 같은 거리라고 볼 수 있어 대기권 내에서는 태양과의 거리는 아무런 상관이 없는 것이다. 즉 태양을 향해 높이 날다가 날개가 녹아서 추락한 이카루스의 이야기는 신화 속의 이야기일 뿐 실제는 온도가 내려가게 된다.

〈퍼펙트 스톰〉에서는 초대형 허리케인이 발생해 많은 비와 함께 거센 바람을 일으켜 주인공들이 탄 어선을 침몰시킨다. 거대한 허리케인에서 구름이 생기고 폭우가 내리며, 겨울철에는 눈이 내리는 현상 등도 모두 대류권에서 일어나는 현상이다. 대류권에서는 공기가 순환되는 대류가 일어나고 수증기가 풍부하기 때문에 구름이 생기는 등의 기상 현상이 발생한다.

성층권이라 불러다오

진주만 진주만 상공을 날고 있는 전투기 아래로 구름이 마치 융단을 깔아 놓은 듯이 펼쳐져 있다. 구름이 높이 솟아올라올 만도 하지만 구름은 대체로 비슷한 고도에서 더 이상 상승하지 않고 일정한 고도를 이루고 있다. 왜 구름은 더 이상 올라오지 않는 것일까?

전투기를 타고 구름 위를 날아 보면 슬픔을 잊을 수 있을까?

전투기가 구름 위를 날고 있는 이 인상적인 장면과 같이 구름이 올라갈 수 있는 높이에는 한계가 있는데 이를 대류권 계면이라고 한다. 아무리 높이 솟아오르는 구름이라고 하여도 이 이상 올라오는 경우는 드물다. 대류권 계면 위로 구름이 올라가지 못하는 것은 온도가 낮은 공기는 무겁고, 온도가 높은 공기는 가벼운데, 성층권에서는 올라갈수록 온도가 올라가 대기가 안정되기 때문이다.

과학에서 계면이라는 용어는 두 가지 의미로 사용된다. 첫 번째는 공기와 접촉하고 있는 얼음 표면과 같이 두 물질 사이의 경계interface를 의미한다. 두 번째는 재생되고 있던 음악을 멈추는 것과 같이 어떤 상태가 중지pause됨을 의미한다. 영어로 대류권 계면은 tropopause 'tropo'는 '변화'의 뜻으로 대류권을 troposphere라고 하는 이유도 일기의 변화가 일어나기 때문이다로 대류 상태의 중지를 뜻한다.

1902년 프랑스의 기상학자 테스랑 드 보르Leon Teisserene de Bort는 고도가 높아질수록 계속해서 온도가 내려가는 것이 아니라 고도가 높아져도 온도가 일정한 층이 있다는 것을 발견하였다. 고도가 높아질수록 계속해서 온도와 밀도가 내려가는 것이 상식과 같이 여겨지던 시대에 보르의 발견은 매우 놀라운 사건이었다. 보르는 온도가 일정하면 기체는 종류별로 층을 이루고 있을 것이라 생각하여, 이 새로운 대기층을 성층권이라고 불렀다. 물론 보르의 생각처럼 온도가 일정하거나 기체가 종류별로 층을 이루지는 않지만 우리는 아직도 이 권역을 성층권이라고 부른다. 성층권의 특징은 고도가 높아질수록 온도가 올라간다는 것인데, 이것은 성층권에 오존층이 있어 자외선을 흡수하기 때문이다.

중간권은 어떤 곳일까?

〈아마겟돈〉은 도대체 과학적 기본이 안 된 영화다. 인공위성이 있는 궤도에서는 유성이 보이지 않는데도 이렇게 화려하게(?) 그려 넣다니….

아마겟돈 고장 난 인공위성을 수리하고 있는 아틀란티스 호는 난데없는 유성의 공격으로 그만 피격되고 만다. 이를 지켜보고 있는 나사(NASA)의 관제센터는 놀라서 정신이 없다. 그렇다면 유성은 무엇이며, 인공위성의 고도를 고려할 때 그곳에서 유성이 보일 수 있을까?

성층권 계면에서 열권이 시작되는 층까지를 중간권이라고 하며 중간권 계면은 대기권 중에서 가장 온도가 낮은 부분이다. 중간권도 대류권과 마찬가지로 고도가 높아질수록 온도가 내려간다. 따라서 대류권과 마찬가지로 날씨의 변화가 있을 것이라고 생각할 수도 있을 것이다. 그렇지만 중간권에서는 대류권과 달리 공기가 부족하고 수증기가 거의 없기 때문에 날씨의 변화는 생기지 않는다.

아틀란티스 호의 우주인이 고장 난 인공위성을 수리하고 있다. 인공위성을 수리하고 있다는 데서 고도를 대충 추정해 볼 수 있다. 인공위성은 용도에 따라 과학, 통신, 방송, 기상, 군사, 측지 위성 등으로 구분할 수 있고, 고도에 따라 저궤도, 중궤도, 고궤도, 정지궤도 위성으로 구분된다. 저궤도 위성의 경우 대략 500~1,500 km 정도의 궤도에서 활동을 하며, 정지궤도 위성의 경우 약 36,000 km에서 활동을 한다. 저궤도 위성의 경우 궤도가 더 낮은 것들도 있지만, 특수한 목적이 아니라면 저궤도일수록 대기와의 마찰이 심해져서 궤도를 유지하기 위해 많은 연료를 사용해야 하는 등 문제가 발생하게 된다. 따라서 일반적으로 위성은 적어도 300 km 이상에 있다고 봐도 좋을 것이다. 유성은 태양계에 산재해 있는 미소 천체 먼지나 돌가 지구의 중력에 끌려 지구로 떨어질 때 대기와의 마찰에 의해 타서 빛을 내는 것을 말한다. 유성은 대기와 마찰을 일으키기 위한 충분한 속력과 대기를 필요로 한다. 따라서 너무 높은 고도에서는 생기지 않으며, 적어도 100~130 km에서 보이기 시작한다. 이 권역은 열권에 해당하며 유성뿐 아니라 오로라 현상도 일어나며, 전리층이 있어 먼 거리에서도 전파를 수신할 수 있게 해주는 역할을 한다. 유성은 마찰을 일으키기 충분한 양의 공기가 있는 중간권 상층부에서 열권 하층부 사이에서 생긴다.

딥 임펙트 하늘에서 유성이 소나기처럼 떨어지고 있다. 이와 같이 짧은 시간에 많은 유성이 떨어지는 것을 유성우라고 한다. 대부분의 유성우는 혜성이 지나간 자리에 생긴다.

따라서 인공위성이 있는 고도에서는 유성을 볼 수 없기 때문에 이 장면은 과학적으로 잘못된 내용이라고 할 수 있다.

하늘 높이 계속 올라가면 어디가 나오나요?

남극에 남겨진 개들이 오로라를 감상(?)하고 있다. 역시 똑똑한 개들은 뭔가 다르다.

에이트빌로우 남극 기지에서 날씨가 갑자기 추워지자 개들은 기지에 남겨두고 사람들만 급하게 떠난다. 남극의 차갑고 매서운 기후 속에서도 일부 개들은 살아남는다. 사냥으로 먹이를 구하고, 오로라가 생기자 하늘을 보며 즐거워하는 모습도 보인다. 역시 오로라는 버려진 개들도 좋아할 만큼 아름다운 모습인 듯하다. 그렇다면 오로라는 어떻게 발생하는 것일까?

〈에이트빌로우〉는 남극에 남겨진 썰매를 끄는 개들의 이야기이며, 〈스노우 독스〉는 북극 근처에서 썰매를 끄는 개들의 이야기이다. 썰매를 끄는 개와 오로라가 잘 어울리기 때문인지 이 영화에서도 밤하늘에 아름다운 오로라가 보이는 장면이 있다. 우리나라와 같은 중위도 지역에서는 관찰하기 힘들지만 고위도 지역에서는 오로라를 흔히 볼 수 있다. 오로

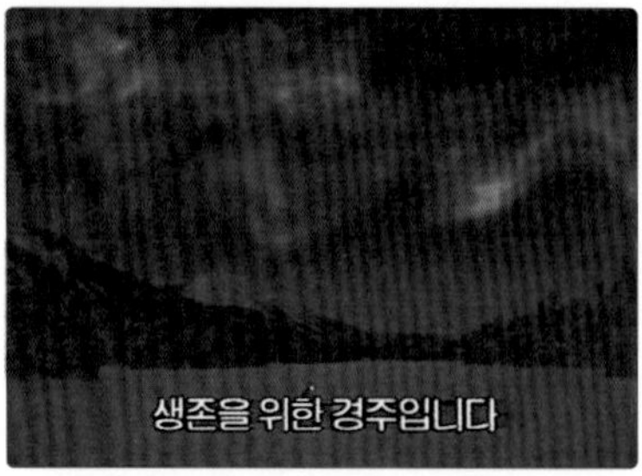

스노우 독스 남극의 개들만 오로라를 보는 것이 아니다. 북극의 개들도 오로라를 볼 수 있다.

라가 발생하는 곳은 대기권 구조 가운데 열권이다. 오로라는 태양에서 날아온 전기를 띤 입자가 지구 대기와 충돌하면서 생기는 일종의 방전 전기를 띤 물체가 전기를 잃어버림 현상이다.

열권은 대기가 매우 희박하여 대기권 중에 100만분의 1 정도의 공기만 가지고 있다. 또 밤낮의 기온 차가 매우 심해 낮에는 2,000 ℃까지 올라가며, 밤에는 500 ℃까지 내려간다. 하지만 이 온도를 지상의 물체가 가지는 온도와 혼동해서는 안 된다. 열권에는 대기가 매우 희박하여 온도를 측정할 수 있는 물체도 거의 없기 때문이다. 따라서 우리가 열권에 간다고 하더라도 뜨거움을 느끼기는 어렵다. 중간권 상층부와 열권에 걸쳐 있는 전리층은 전파 통신을 가능하게 하는 구실을 한다.

땅보다 물이 많은 지구

어비스 심해에 떨어진 핵폭탄을 회수하기 위해 해군특수부대인 네이비 씰과 민간 인양팀은 바다 깊이 들어간다. 작업을 하는 도중 이들에게 여러 가지 어려움이 닥쳐온다. 그들의 임무가 실패로 돌아갈 때쯤 그들 앞에 나타난 것은 놀랍게도 외계인들이다. 이들은 물을 마음대로 다룰 수 있는 문명을 가지고 있었기 때문에 수중에서 지구인들을 관찰하고 있었던 것이다. 물론 깊은 바닷속에 이러한 외계인들이 있을 가능성은 거의 없지만 여하튼 우린 바닷속에 대해 아는 것이 그리 많지

"바다 깊이 아주 깊이 들어가면 용왕님이 사실까? 아니야. 외계인이 살아."

않다. 넓디넓은 바다는 탐험하기가 쉽지 않기 때문이다. 그렇다면 지구에서 바다를 이루고 있는 물은 어떤 역할을 하는 것일까?

우리가 살고 있는 행성은 지구地球라고 불리지만 사실은 지구 전체 표면의 약 71 %를 물이 덮고 있기 때문에 수구水球라고 불리는 것이 옳을 것이다. 얼마 전까지는 우리가 알고 있는 행성 가운데 지구가 물이 가장 풍부한 행성이었다. 하지만 2009년 12월에 지구에서 40광년 떨어진 곳에 물이 풍부한 '슈퍼 지구'가 발견되면서 우주에는 지구와 비슷한 행성이 더 있을 것으로 추정된다. 과학자들이 물이 있는 행성을 찾는 것은, 외계의 생명체를 찾는 데 가장 중요한 것이 바로 액체 상태의 물의 존재 여부일 만큼, 물은 생물에게 중요한 것이기 때문이다. 생물의 물질 대사는 대부분 수용액 상태에서 일어나는데 물이 없다면 생물은 화학변화를 통해 생명 활동을 영위해 나가기 어렵게 된다. 물은 대기권과 상호작용을 통해 비와 눈을 내리는 등의 기상 현상을 일으키고, 지구의 기온을 일정하게 하는 열저장고의 역할을 한다. 만약 해양이 열에너지를 적당하게 배분하지 못하게 되면 〈투모로우〉에서와 같은 엄청난 기후 변동으로 지구에 큰 재난이 닥칠 수도 있다. 또한 물은 비가 되어 바위를 깎는 것과 같이 지각의 풍화 침식에 중요한 역할도 한다.

암권에 대해 알려주마

코어 이 영화는 액체 상태의 외핵이 회전을 멈추면서 지구 자기장에 이상이 생겨

위기에 빠진 지구를 구하기 위해 노력하는 사람들의 이야기이다. 〈아마겟돈〉에서와 마찬가지로 이 영화에서도 지구를 살리는 것은 미국의 과학자들과 정부이다. 할리우드에서 제작한 영화이니 어쩔 수 없는 것이기는 하지만 이러한 세뇌작용은 그리 가볍게 넘길 사항은 아니다. 여하튼 이번에도 불가능한 임무(핵폭탄으로 지구의 외핵을 다시 회전시킨다는 황당한 임무)를 띤 버질이라는 굴착선이 땅속으로 지구의 생명체들을 구하기 위해 떠난다. 영화 속의 버질 호는 온갖 어려움을 극복하고 지구 내부로 뚫고 들어가지만 아직까지 지구 중심은 고사하고 맨틀까지 시추한 일도 없다. 그렇다면 지구 내부의 구조는 어떻게 알아낼 수 있으며, 지구 내부는 과연 어떻게 생겼을까?

이렇게 뛰어난 지구과학을 위한 영화가 또 있을까? 친절하게도 지구의 구조를 여러 번 상세하게 설명한다. 사진에서 흰색은 내핵, 노란색은 외핵, 주황색은 맨틀, 붉은색은 지각을 나타낸다.

우리가 수박을 살 때 일일이 쪼개보지 않고 잘 익었는지를 판단하기 위해서 수박을 두드려 소리를 들어 본다. 또한 태아의 상태를 검사하거나 건물 내부의 균열과 같은 이상을 확인할 때는 초음파와 같은 파동을 사용한다. 파동은 입자와 달리 물체 내부까지 들어가 물체에 대한 정보를 알아낼 수 있기 때문이다. 지구 내부의 구조를 알아낼 때도 이러한 방법을 사용할 수 있다. 즉 소리와 같은 일종의 파동인 지진파를 이용하는 것이다. 공기 중에서 소리의 전달 속도가 달라지듯이 지진파는 지나는 지점의 매질에 따라 파의 속도가 달라진다. 또한 지진파는 빛과 같이, 다른 매질을 만나면 굴절하거나 반사되는 성질을 가지고 있다. 이러한 성질을 이용하면 지구 내부의 구조를 알아낼 수 있

크로아티아 공화국의 모호로비치치 기념 우표. 모호로비치치는 지각의 내부 구조 연구에 최초로 지진파를 사용했다.

구텐베르크는 독일 태생의 미국 지구물리학자로 맨틀과 핵의 경계의 깊이인 3500 km를 찾아냈다.

레만은 「P'」이라는 논문을 통해 내핵의 존재를 주장했다. 1993년 106살에 세상을 떠났다.

다. 이처럼 지진이 사람들에게 피해만 입히는 것은 아니다.

1909년 유고슬라비아의 지진학자 모호로비치치Andrija Mohorovičić는 자그레브에서 발생한 지진을 조사하였다. 그는 진앙으로부터 2,400 km 내의 29군데 지진관측소의 자료를 세밀하게 분석하였다. 그는 이 결과를 토대로 지각 아래에 지각과 밀도가 다른 층이 존재한다고 주장하였다. 이 층을 맨틀이라고 하며 지각과 맨틀의 경계는 그의 이름을 딴 모호로비치치 불연속면 또는 모호면이라고 부른다. 1912년 이후 독

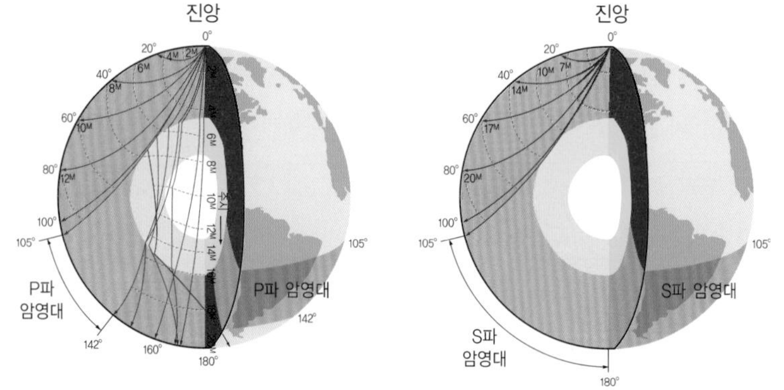

횡파인 S파는 매질이 액체인 경우에는 전파되지 않는다. 또한 P파의 경우에는 맨틀에서 액체 상태인 외핵으로 진행하면서 굴절이 일어난다.

일의 구텐베르크Beno Gutenberg는 지진학상의 수수께끼였던 암영대暗影帶, shadow zone, '그림자 지역' 이라는 뜻으로, 진앙에서 각거리 103°~142° 인 곳에는 지진파가 도달하지 않는 데서 붙여진 이름를 연구하여 맨틀과 핵의 경계인 구텐베르크 불연속면을 발견하게 된다. 1936년 덴마크의 지진학자인 레만Inge Lehmann은 외핵 내부에 고체인 내핵이 있다는 사실을 밝혀낸다. 내핵과 외핵의 경계를 레만면암영대 내에 약한 P파가 도달하는 것을 통해 발견이라고 부른다. 이와 같이 많은 지진학자들의 분석에 의하면 지구 내부로 내려갈수록 온도는 상승하여, 핵이 시작되는 2,900 km 아래는 온도가 5,000 ℃에 이를 것으로 생각된다. 〈코어〉에서 버질 호에 차가운 액체 질소가 실려 있는 것은 바로 이 때문이다. 하지만 액체 질소로 탑승자를 잠시 보호할 수 있을지는 몰라도 5,000 ℃의 고열을 견뎌낼 수 있는 물질은 없다. 한편 지진파 중에서 P파는 물질의 상태에 상관없이 전달이 되지만, S파의 경우 액체를 통과할 수 없다. 따라서 고체인 맨틀과 액체인 외핵의 경계에서 갑자기 P파의 속력은 줄어들고, S파는 전달되지 않는 암영대가 생기는 것이다.

이상과 같이 조사된 자료를 가지고 과학자들은 지구 내부 모형을 만들었다. 이 모형은 〈코어〉에서 키스 박사가 제시한 복숭아의 내부와 닮았다. 즉, 복숭아 껍질 위의 솜털은 얇게 덮인 대기, 복숭아의 껍질은 지각에 해당한다. 그리고 우리가 맛있게 먹는 과육 부분은 맨틀이 단어가 어렵다고 설명하지 않고 넘어가는 것으로 보아 미국의 장군들

코어 키스 박사가 복숭아를 잘라서 지구 내부 구조를 설명하고 있다.

은 과학 실력이 좋은 것 같지는 않다, 씨 부분은 핵core에 해당한다. 또한 단단한 씨 껍질 속에 들어 있는 말랑말랑한 씨앗은 내핵이라고 할 수 있다. 복숭아의 비유는 지구의 내부 구조를 이해하는 데 많은 도움을 준다. 지각은 대륙지각이 35 km, 해양지각이 5 km로 대륙지각이 더 두껍다. 그래서 영화에서도 버질 호가 해양지각을 뚫고 들어가는 것으로 제시가 된다. 맨틀은 모호면에서 2,900 km까지로 지구 전체 부피의 80 %를 차지한다. 외핵은 맨틀 아래에서 5,100 km까지이며 액체로 되어 있다. 내핵은 5,100 km에서 지구 중심까지로 360만 기압이라는 상상을 초월하는 압력이 존재하는 불지옥의 세상이다.

3 지구 환경의 변화

쥐라기는 영화 제목이라니까~

아무리 초식 공룡이라지만 갑자기 공격하면 어떻게 하려고 저렇게 가까이 가는 것일까?

쥬라기 공원 해몬드 회장은 호박 화석으로부터 공룡의 DNA를 구해서 기적에 가까운 일을 한다. 이미 멸종한 중생대의 공룡을 다시 살려낸 것이다. 영화의 제목이기도 한 '쥬라기 공원'은 공룡이 살았던 지질 지대를 가리키는 말이다. 그렇다면 지질 시대는 어떻게 구분할까?

지구는 약 46억 년 전에 탄생했고, 약 38억 년 전에 지각이 형성된 후 많은 변화를 겪으며 오늘에 이르렀다. 지구의 역사를 구분할 때 인간이 기록을 남기기 시작한 1만 년 전부터 오늘날까지를 역사 시대라

하며, 그 이전은 지질 시대라고 부른다. 따라서 1만 년 전에는 아무런 역사적 기록이 없기 때문에 생물의 흔적인 화석의 변화를 기준으로 지질 시대를 구분하게 된다. 생물의 화석이 지질 시대의 기준이 되는 것은 생물들이 환경에 따라 멸종하거나 새로운 종이 생겨나는 등 많은 변화를 겪기 때문이다. 이러한 기준으로 크게 화석이 거의 발견되지 않는 은생이언선캄브리아대과 화석이 많이 나타나는 현생이언으로 구분한다. 현생이언은 다시 고생대, 중생대, 신생대로 구분하며, 대는 다시 기로 세분화된다. 즉 고생대는 캄브리아기, 오르도비스기, 실루리아기, 데본기, 석탄기, 페름기로 나누어지며, 중생대는 트라이아스기와 쥐라기, 백악기로 구분된다. 마지막으로 신생대는 제3기와 제4기로 나누어지며, 기는 다시 '세'로 세분하여 구분할 수 있다. 즉, 쥐라기라는 것은 중생대 중엽을 말하는 것이다.

지질 시대의 구분. 현세로 올수록 지질 시대의 지속 기간이 짧아진다.

은생이언		현생이언															
선캄브리아대		고생대						중생대			신생대						
											제3기					제4기	
시생대	원생대	캄브리아기	오르도비스기	실루리아기	데본기	석탄기	페름기	트라이아스기	쥐라기	백악기	팔레오세	에오세	올리고세	마이오세	플라이오세	플라이스토세	현세
38억	25억	5.7억						2.45억			6500만					250만(년 전)	

화성인이 지구에 생명의 씨앗을 뿌리다?

미션 투 마스 서기 2020년 드디어 우주 비행사들이 화성에 착륙하는 데 성공한다. 하지만 도착의 기쁨도 잠시 우주인들은 알 수 없는 거대한 힘 앞에 쓰러져 버린다. 이에 NASA에서는 우주인들을 구조하기 위해 새로운 탐사선을 화성으로 보낸다. 결국 탐사팀은 화성에 인간보다 뛰어난 문명을 가지고 있었던 화성인이 있었다는 것을 알게 된다. 일부 지구인을 죽이기는 했지만 화성인은 언젠가 찾아올 지구인들을 대상으로 교육용 다큐멘터리까지 작성해 두는 친절함(?)을 잊지 않았다. 화성인의 교육용 입체 동영상을 보면 지구에 생물이 발생하게 된 것은 화성에서 생명의 씨앗을 지구로 보냈기 때문이라고 한다. 그렇다면 과연 생명은 어떻게 탄생한 것일까?

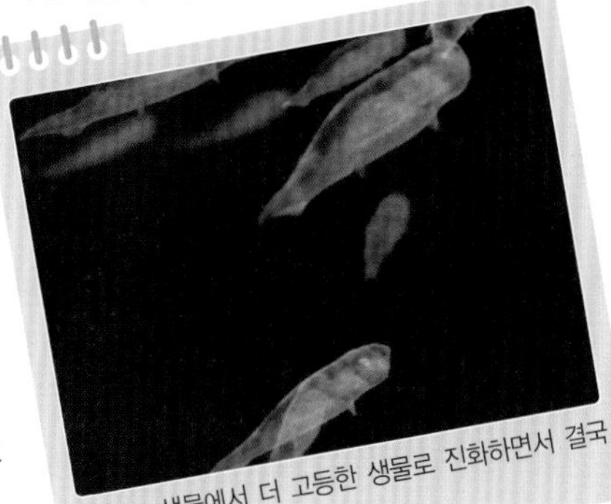
단세포 생물에서 더 고등한 생물로 진화하면서 결국 인간이 등장한다.

약 46억 년 전에 탄생한 지구는 단단한 땅과 푸른 하늘을 가진 오늘날의 모습과 전혀 다른, 흔히 영화나 신화에서 그려지는 지옥의 모습에 가까웠다. 이제 막 생긴 지구는 아직 단단한 지각도 없었으며, 쉴 새 없이 미행성체들이 떨어져 어디를 가나 마그마 천지였다. 이러한 용융 상태의 원시 지구에서 밀도가 높은 금속 원소들은 지구의 중심 부분으로 서서히 가라앉아 지구의 핵을 구성하게 되고, 시간이 지나면서 지표는 점점 식어갔다. 지표가 식기는 했지만 여전히 지표 아래에는 식지 않은 마그마들이 분출하고 있었다. 이때 마그마 분출과 함께 수증기와 수소, 메탄, 암모니아 같은 기체들이 원시 대기 중으로 방출되었다. 이 중 가벼운 수소는 대부분 우주로 날아가 버리고, 산소가 메탄이나 암모니아와 반응하여 이산화탄소, 질소 등을 만들어 낸다. 이러한 원시 지구의 대기 성분은 오늘날의 대기 성분과는 많은 차이가 있다. 공기 중의 풍부한 수증기는 비가 되어 내리면서, 지각을 더욱 빨리 식게 만들면서 원시 바다를 형성한다. 원시 바다에는 화산 분출과 빗물을 통해 염소, 나트륨, 마그네슘 같은 미네랄이 녹아들어 점차 염분이 높아지게 된다. 대기 중의 이산화탄소는 빗물 속에 녹아들어 점점 양이 줄어들었다. 대기 중의 메탄과 암모니아는 번개에 의해 원시적인 유기물로 합성되었으며, 이러한 유기물들이 모여서 원시 생명체가 탄생한 것으로 많은 과학자들은 대부분의 교과서도 마찬가지 추측하고 있다.

하지만 이 이론에 대한 반발도 만만치 않다. 쉴 새 없이 많은 운석이 떨어지는 상황에서 메탄이나 암모니아와 같이 반응성이 큰 기체들이 원시 대기의 주성분이었다고 생각하기는 어렵다는 것이다. 즉 원시 대기에는 이산화탄소와 질소가 더 풍부했으며 이러한 기체들에 의해서는 쉽게 유기물이 합성되지 않는다는 것이다. 그렇다면 생명체는 어디서 온 것일까? 일부 과학자들은 생명이 우주에서 왔다는 범종설을 조심스럽게 제시하기도 한다. 분광 분석법을 통해 우주를 관측해 보면 우주에는 아미노산과 같은 물질들이 풍부하다는 것을 알 수 있다. 이러한 아미노산들이 운석 속에 담겨서 지구의 원시 바닷속에 빠져서 거대한 '원시 수프primordial soup'를 이루고 여기서 생명체가 탄생했다는 것이다. 특히 이러한 주장 중에는 이 영화에서와 같이 고도로 발달한 외계인이 지구에 생명의 씨앗을 보냈다는 주장도 있다.

백악기는 어떻게 지어진 이름일까?

진주만 레이프는 독일과의 전투를 위해 영국 공군에 자원입대한다. 그는 영국 해안에서 스핏파이어(Spitfire)를 몰고 독일의 메서슈미트(Messerschmitt) BF109와 전투를 하게 된다. 전투 씬이 워낙 멋지기에 다른 장면에 눈을 돌리기 힘들겠지만, 이럴 때도 과학을 위해 한 장면만 추려 보자. 이 장면에서 볼 수 있는 영국 해안의 하얀 절벽은 어떤 지층일까?

영국 전투기와 독일 전투기가 맞장 뜨기 직전이다. 이 중요한 순간에도 우린 중요한 과학적 사실을 발견해야 한다. 너무한가?

영화에서 보면 절벽은 온통 흰색을 이루고 있다. 이것은 유공충과 같은 미세한 부유성 바다 미생물의 탄산염 껍질이 모여서 된 석회암으로 이루어져 있기 때문이다. 이 석회암을 백악chalk, 초크이라고 부르며, 중생대의 마지막 시기인 백악기는 여기서 딴 이름이다. 영국과 프랑스 해변 등 유럽의 지층에서 백악층이 많이 발견된다.

그렇다면 다른 지질 시대의 이름은 어떻게 붙여진 것일까? 쥐라기는 프랑스와 스위스 국경 사이에 있는 쥐라 산맥Jura Mts.에서 따온 이름이다. 5억 7000만 년 전부터 5억 년 전까지의 고생대를 캄브리아기Cambrian period라고 하는데, 영국의 웨일스 지방의 캄브리아산지에서 따서 붙인 이름이다. 오르도비스기Ordovician period와 실루리아기Silurian period는 웨일스 지방에 살던 고대 부족의 이름을 따서 지어졌으며, 데본기Devonian period는 영국 데본주 지방에서 이 시기의 지층이 발달해 있어 붙여진 이름이다. 이와 같이 지질 시대의 이름에 영국과 관련된 명칭이 많은 것은 영국이 다양한 지층을 가지고 있는 지층 백화점이라는 이유도 있지만 지층에 이름을 붙인 세지윅Adam Sedgwick과 같은 지질학자들이 영국 사람이라는 것이 더 중요하게 작용했다.

세지윅 영국의 지질학자로 지질 조사를 통해 캄브리아기와 데본기라는 이름을 붙였다. 그와 공동 작업을 했던 머치슨은 실루리아기의 이름을 붙였다.

2

살아 있는 지구

지각 변동 * 날씨의 변화 * 해양의 변화

1 지각 변동

지진의 정체는 무엇일까?

지진이 나오는 모든 영화는 이렇게 땅을 쩍쩍 갈라 놓아야 직성이 풀리는 것일까? 영화가 지진에 대해 사람들에게 과학적 오류를 심화시키는 문제의 장면.

대지진 10.5 2 대지진으로 인해 미국이 둘로 쪼개질 위기에 처했다. 건물이 쓰러지고 도시가 순식간에 아수라장으로 변한다. 도시와 들판을 둘로 가르며 지진이 빠르게 진행되어 간다. 이때 둘로 갈라진 땅 속에는 마그마가 흐르고 있는 모습을 볼 수 있는데, 모든 지진에서 이렇게 마그마를 볼 수 있을까? 그렇다면 과연 지진의 정체는 무엇일까?

지구 내부의 어떤 원인에 의해 땅이 흔들리는 현상을 지진이라고 한다. 우리나라에서는 지진을 경험하기 힘들기 때문에 지진을 매우 보기 드문 현상으로 생각하기 쉽다. 하지만 세계적으로 지진은 30초에 한 번 꼴로 발생하는 흔한 자연현상의 하나이다. 나무젓가락을 구부리면 휘어지다가 일순간에 부러지면서 소리와 함께 진동이 전달되듯이 지진은 지층이 탄성에너지를 축적하다가 일순간에 방출할 때 발생한다. 연못에 돌을 던지면 물결이 퍼져나가듯이, 지진이 발생하면 지진파가 퍼져나간다. 지진파에는 표면파와 실체파가 있다. 표면파는 지각을 따라 진행하며, 진폭이 크기 때문에 피해가 크다. L파L-wave가 표면파에 속한다. 실체파에는 P파primary wave와 S파secondary wave가 있다. 실체파는 지구 내부를 통과하기 때문에 지구의 구조를 밝히는 데 중요하다. P파는 가장 먼저 도달하는 지진파로 고체, 액체, 기체의 모든 매질을 통과한다. P파는 종파로 파의 진행 방향과 진동 방향이 같고, 1초에 약 7~8 km를 이동한다. P파 다음으로 S파가 도달하는데, S파는 고체만 통과할 수 있다. S파는 횡파로 파의 진행 방향과 진동 방향이 수직이며, 1초에 3~4 km를 이동한다. 지진파의 전달속도가 빠르다고 더 많은 피해를 주는 것은 아니다. 대체로 건물을 상하로 진동시키는 P파보다 좌우로 진동시키는 S파에 의해 더 많은 피해가 발생한다. 그리고 실체파보다는 L파Love wave나 R파Rayleigh wave와 같은 표면파에 의해 더 많은 피해가 발생한다.

〈단테스피크〉에서 보듯이 지진이 일어나면 건물 밖에 있는 것이 안전하다. 지진에 의한 사망자의 상당수는 건물에 의해 피해를 입는다. 1976년 중국의 당산 지진이나 1993년 인도의 라투르 지역에서 발생한 지진에서 피해가 많이 발생한 것도 이 지역 건물이 벽돌이나 점토로 만들어져 쉽게 무너졌기 때문이다. 〈슈퍼맨〉에서와 같이 땅이 갈라져

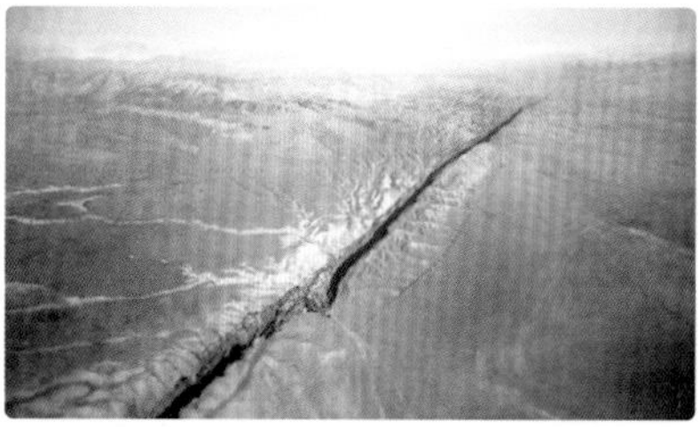

슈퍼맨 슈퍼맨의 능력에 못지않은 핵폭탄의 위력. 아무리 불안한 단층이라지만 핵미사일 한 방에 이렇게 난리가 나기는 어렵다.

그 사이로 떨어져 다칠 확률은 매우 적다는 것이다. 〈슈퍼맨〉에서는 핵폭탄으로 인공지진을 일으켜 샌안드레아스 단층을 움직여 땅을 가라앉게 만든다. 물론 핵폭탄의 위력이 대단하다고 하더라도 이러한 일은 불가능하다. 하지만 지하핵실험에 의해 인공지진이 발생하기 때문에 이 때 발생하는 지진파를 감지하여 지하핵실험 여부를 감시하는 데 사용되기도 한다. 많은 사람들이 지진이라고 하면 땅이 갈라지거나 크게 솟아오르며, 〈대지진 10.5 2〉에서와 같이 마그마가 흐르는 장면을 생각하는데 모든 지진이 이러한 것은 아니다. 이러한 것은 영화상의 극적인 효과를 노리고 과장한 장면이라고 할 수 있다.

진도 2.9가 도대체 어느 정도야?

내가 화산학자라고 우습게 보여? 난 007 제임스 본드라고. 결국 내 말이 옳다는 것을 알게 될꺼여!

단테스피크 해리는 산에 아황산가스의 양을 측정하러 갔다가 산이 흔들리는 것을 느끼고, 빨리 사람들을 대피시키라고 한다. 하지만 조사단 책임자인 폴은 진도가 겨우 2.9였다면서 그럴 수 없다고 한다. 진도 2.9면 어느 정도의 지진일까?

지진의 세기는 사람이 느끼지 못하는 작은 것에서 사람과 건물에 막대한 피해를 주는 것까지 매우 다양하다. 땅의 흔들림과 재산상의 피해는 사람들의 주된 관심사였기 때문에 지진의 세기를 표시하는 기준으로 사용되었으며, 이것을 진도Seismic intensity라고 한다. 미국의 MM 진도 계급Modified Mercalli Scale은 12등급으로, 일본의 JMA 진도 계급Japanese Meteological Agency Scale은 8등급으로 구분되어 있으며, 이 두 가지가 널리 사용되고 있다. 하지만 빛이 광원에서 멀어질수록 어두워지는 것처럼, 진원에서 멀어지면 같은 지진이라도 진도가 다르게 측정이 되기 때문에 연구에 어려움이 있다. 즉, 같은 지진이라도 관측지에 따라서 진도가 달라지기 때문에 진도는 실제 지진의 크기를 정확하게 나타내는 수단은 되지 못한다. 이에 1935년 미국의 지진학자 리히터Richter는 진앙에서 100 km 떨어진 지점에서 관측된 P파와 S파의 최대 진폭을 측정하여 지진의 강도를 1에서 9 이하의 숫자로 나타냈다. 이것이 지진에너지의 정량적인 표현인 리히터 규모Richter scale이다. 리히터 규모 1의 강도는 60 t의 폭약TNT의 힘에 해당하며, 리히터 규모 1이 늘 때마다 31배의 강도가 증가하게 된다. 따라서 리히터 규모 3의 지진은 1의 지진보다 약 900배 강도가 센 지진이다. 국제적으

대지진 10.5 2 미국에 대지진이 발생해 땅이 갈라지는데, 갈라지는 곳마다 마그마가 흐르고 있다. 하지만 지진이 발생한다고 항상 땅이 갈라지거나 마그마가 흘러나오는 것은 아니다.

로 '규모Magnitude'는 소수 단위의 아라비아 숫자로 표기하고 '진도'는 정수 단위의 로마 숫자로 표기하는 것이 관례이기 때문에, 영화에 등장하는 2.9라는 것은 진도가 아니라 규모 2.9의 지진을 의미한다. 이 정도 지진은 보통 사람이면 거의 느낄 수 없는 규모의 지진이지만, 해리는 경험 많은 뛰어난 화산학자이기에 이것을 느끼고 있다.

진원의 깊이가 왜 중요할까?

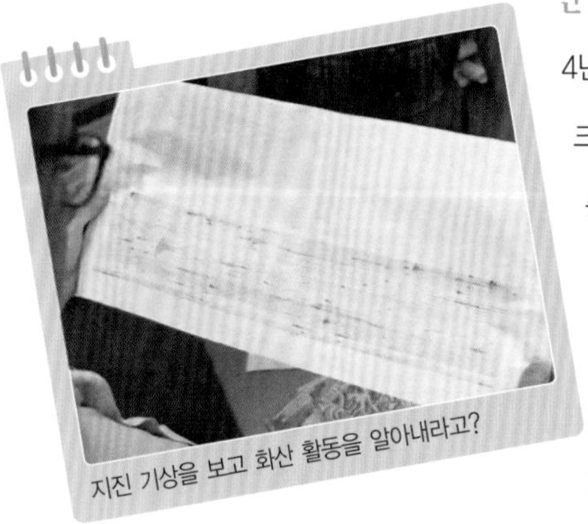

지진 기상을 보고 화산 활동을 알아내라고?

단테스피크 콜롬비아 화산 폭발이 있고, 4년이 지났다. 해리의 상사 폴은 단테스피크에 화산 활동의 조짐이 보인다며, 휴가 중인 그를 불러 지진 기상(지진파가 기록된 모양)을 보여주면서 그에게 화산 폭발 가능성을 묻는다. 해리는 1만분의 1쯤이라고 하며, 진원의 깊이를 묻는다. 진원이 뭘까? 또한 폴은 진원의 깊이를 10~20 km쯤이라고 하는데 이 정도 깊이의 지진을 무엇이라고 할까?

지진이 발생한 지점을 진원이라 하며, 진원에서 가장 가까운 지표상의 지점을 진앙이라고 한다. 진원이나 진앙이 넓은 지역일 때도 있기 때문에, 진원역이나 진앙지라는 말을 사용하기도 한다. 진원의 깊이에 따라 100 km 이내의 지진을 천발지진, 100 km 이상의 깊이에서 발생하는 지진을 심발지진이라고 부른다. 50~60 km 부근은 맨틀의 최상부로 지진이 가장 많이 발생하는 지점이다. 일반적으로 천발지진이 심발지진보다 더 위험하다. 일본이 지진 피해를 많이 입는 것도 천발지진이 많이 일어나기 때문이다. 우리나라와 중국은 심발지진이 많이 발생한다.

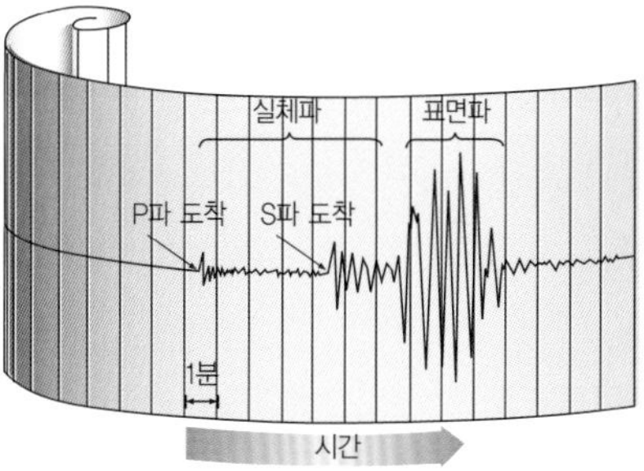

지진기상

영화에서 해리가 보고 있는 그래프는 지진 기상이라고 하며, 지진계에 기록된 P파, S파, L파의 진동 기록을 나타낸다. 이 지진 기상에서 PS시S파가 오는데 걸리는 시간과 P파가 오는 데 걸리는 시간의 차이를 측정하여 진원 거리를 구할 수 있다.

지진을 관측하기 위해서 지진계를 사용하는데, 수평 지진계와 수직 지진계의 두 종류가 있다. 〈대지진〉에서 관측소에 3대의 지진계가 설치된 것을 볼 수 있는데, 이는 지진에 의해 지면이 3차원상하, 전후, 좌우의 3방향으로 움직이기 때문이다. 지진계는 매우 민감해서 〈불가사리〉에서 보듯이 사람이 느낄 수 없는 진동까지도 감지해 낼 수 있다.

대지진 관측소에 3대의 지진계가 설치되어 있다.

〈단테스피크〉에서도 화산 분출이 일어날지를 살피기 위해 지진계를 설치하고 관찰한다. 이것은 화산 활동에 의해 지진이 일어나기 때문인데, 마그마가 지층을 파고들면서 지진을 일으키기 때문이다. 또한 마그마가 분출될 때도 지진이 일어난다. 화산 활동이 있을 때는 지진이 감지되지만 지진이 발생한다고 해서 꼭 화산 활동이 일어나는 것은 아니다.

지진파를 이용하면 무엇을 알 수 있을까?

몇 안 되는 학생들이지만 열심히 지구 내부의 구조를 설명하는 조슈아 박사.

코어 조슈아 키스 박사(아론 에크하트 분)는 지진학자로 지구의 내부 구조에 대해 학생들에게 강의를 하고 있다. 그는 이 강의 도중에 트럼펫 소리가 암석을 지나면서 어떻게 변하는지 학생들에게 보여준다. 이 장면이 지구내부의 구조를 알아내는 방법과 어떤 관계가 있을까?

인류가 문명을 이루고 살기 시작하면서 그들의 상상력이 한곳에 머물러 있었던 적은 없었다. 사람들의 호기심은 하늘로, 바다로 그리고 땅속으로 끝없이 그 한계를 넓혀 나갔다. 날개를 달고 태양까지 가고 싶어 했던 이카루스Icarus의 꿈은 우주선을 만듦으로써 실현 가능하게 되었다. 쥘 베른이 『해저 2만 리*Twenty Thousand Leagues Under the Sea*』라는 공상과학소설을 발표한 지 채 100년도 되지 않아, 원자력 잠수함 노틸러스 호Nautilus가 만들어졌다. 하지만 베른의 또 다른 소설 『지구 중심

코어 이렇게 지구를 뚫어 낼 수 있는 능력을 가진 곳은 할리우드밖에 없다.

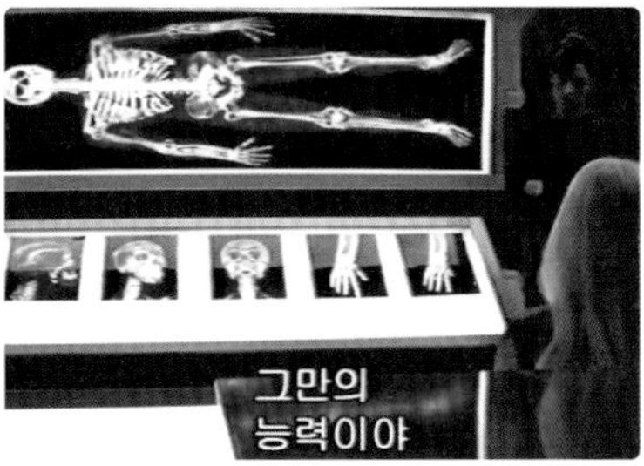

엑스맨 X선 사진 한 장으로 그 사람의 능력까지 알아 낼 수는 없다. 하지만 뼈의 모습은 잘 알 수 있다.

으로의 여행*A Journey to the Center of the Earth*』은 아직도 실현 가능성이 전혀 없다. 수십억 킬로미터 멀리 떨어진 태양계의 외곽까지 우주선을 날려 보내고, 해저 밑바닥까지 잠수정을 보내는 것보다 땅속을 깊이 파는 것이 훨씬 어렵기 때문이다. 땅속을 자유로이 누비고 다니는 기계는 고사하고 아직까지 원하는 만큼 구멍도 뚫어 보지 못했다. 많은 사람들이 땅속에 무엇이 묻혀 있고 어떤 구조로 되어 있는지 궁금해 하지만 6,400 km밖에 되지 않는 지구의 중심에는 무엇이 있는지 추측만 할 뿐이다.

〈코어〉에서는 지구를 살리기 위해 다급해진 나머지 2일 만에 외핵까지 시추해 들어가는데, 이것은 영화에서만 가능한 이야기이다. 만약 뚫었다고 하더라도 지구 내부의 고온고압의 환경을 견딜 수 있는 운송수단이 없기 때문에 지구의 중심에 가 본다는 것은 그림의 떡이 될 수밖에 없다. 오랜 세월 이어진 사람들의 이러한 궁금증은 드디어 지구를 직접 시추하기에 이르렀다. 하지만 비용과 기술상의 어려움으로 인해, 1970년부터 19년 동안 겨우 12,262 m밖에 파지 못했다. 지구의 반지름이 6,400 km임을 생각해 보면 겨우 사과 껍질만큼 판 꼴이다. 이렇게 직접 시추를 해서 지구 내부를 연구할 수도 있지만, 화산 분출물, 운석, 지구 자기에 대한 연구도 모두 지구 내부를 알아내기 위해 사용되는 방법들이다. 하지만 이러한 방법들 중 지구 내부에 대한 정보를 가장 많이 알려주는 것은 지진파에 대한 연구이다. 〈고질라〉에서 바닷속의 고질라를 소나SONAR, sound navigation and ranging로 확인하는 것이나 〈엑스맨〉에서 울버린휴 잭맨 분의 몸속을 CT촬영하여 볼 수 있는 것과 같이 지진파를 이용하면 직접 들어가 보지 않아도 지구 내부의 구조를 추정할 수 있기 때문이다.

일본에는 왜 지진이 자주 발생할까?

일본은 왜 자기 나라가 침몰하는 것을 영화로 만들어서 난리일까?

일본침몰 일본열도에 엄청난 지진과 해일, 화산 등이 발생한다. 이유는 태평양판이 유라시아판 아래로 들어가면서 일본열도가 같이 끌려들어 가기 때문이라고 영화 속에서는 설명한다. 엄청난 지진 앞에서도 일본인들은 의연한 자세로 대처하며, 구조대도 훈련이 잘된 것으로 보인다. 이것은 영화이기 때문에 가능한 것이 아니라 실제로도 일본은 지진에 대해 많은 대비를 하고 있다. 그렇다면 일본은 왜 지진이 자주 발생할까?

일본과 같이 지진이 자주 발생하는 지역을 지진대라고 한다. 이러한 지진대에는 태평양 주변을 따라 분포하는 환태평양 지진대와 인도네시아에서 히말라야를 거쳐 지중해에 이르는 알프스-히말라야 지진대, 대양의 중앙 해령을 따라 분포하는 중앙 해령 지진대로 나눌 수 있다. 지진과 화산이 발생하는 원리는 다르지만 지진대와 화산대, 조산대의 위치는 거의 일치하며, 이렇게 지각 변동이 활발하게 일어나는 지역을 변동대라고 한다. 판의 경계 지역에서 지진이나 화산 활동과 같은 지각 변동이 일어나는데, 변동대가 바로 판의 경계에 해당한다. 판의 경계에는 해령 판이 새로 생성되어 서로 멀어지는 곳, 해구 해양판이 침강하여 소멸하는 곳, 습곡산맥 판이 충돌하여 조산 운동이 일어나는

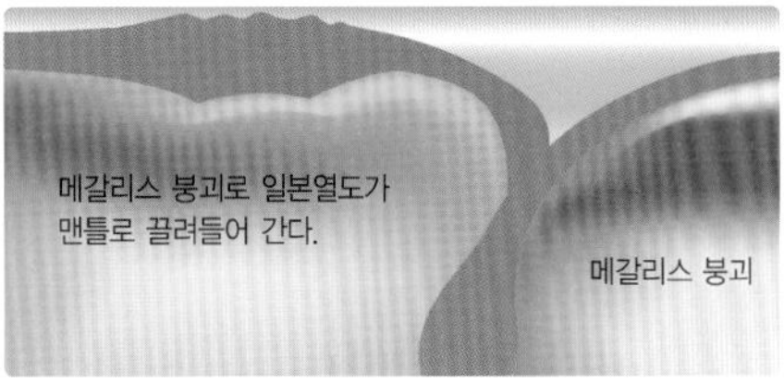

일본침몰 태평양판이 유라시아판 아래로 비스듬하게 침강한다. 이때 침강하는 판이 모여서 생긴 것이 '메갈리스'이다. 플룸구조론에 의하면 메갈리스의 붕괴와 축적은 4억 년 주기로 일어난다고 한다.

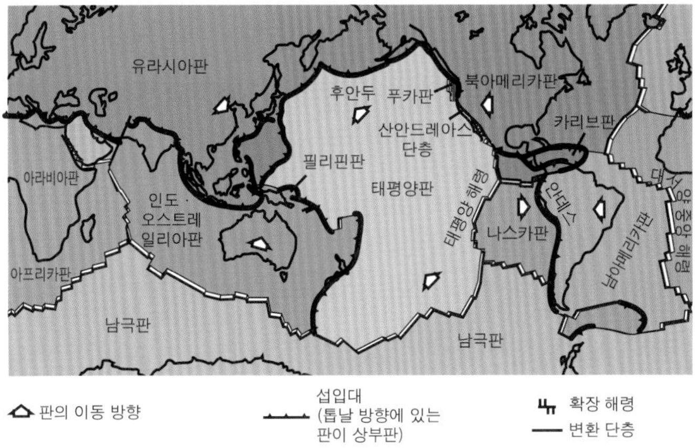

판의 경계. 판의 경계와 변동대가 거의 일치한다.

곳, 변환단층 단층이 서로 어긋나게 움직이는 곳 등이 있다. 해양판인 태평양판이 대륙판인 유라시아판 아래로 침강하여 생긴 것이 일본 해구이다. 이때 판과 판의 마찰에 의해 지진이 발생하며, 마그마가 화산 활동을 일으킨다. 마찰로 발생한 마그마의 분출로 해구와 평행하게 호상열도가 생기는데, 일본열도가 바로 호상열도이다. 또한 일본 해구는 태평양판이 유라시아판 아래로 비스듬히 침강하여 생긴 해구이기 때문에 대륙 쪽으로 갈수록 진원의 깊이가 점점 깊어진다. 이렇게 일본은 변동대에 속해 있어 지진이 자주 발생하고 화산 활동이 활발한 것이다.

히말라야 산맥은 어떻게 만들어졌을까?

버티칼리미트 세계 최고의 산악인 아버지와 함께 등산을 하던 피터(크리스 오도넬 분)와 애니(로빈 튜니 분)는 암벽 등반을 하다가 위험에 처한다. 급박한 상황에서 아버지는 자식들을 구하기 위해 피터에게 자신이 매달려 있는 밧줄을 자르라고 한다. 이 사건 이후 피터는 등산을 그만두고 사진사로 일한다. 하지만 애니는 계속 등반을 하다가 K2에서 조난 당한다. 동생을 구하기 위해 피터는 구조대에 참가하여 높은 산을 오르게 된다. 눈 덮인 K2의 모습이 인상적인데, 그렇다면 K2가 속해 있는 히말라야 산맥은 어떻게 만들어진 것일까?

히말라야 산맥은 세계에서 제일 높은 산들이 모여 있지만 한때는 바다였단다. 믿어져?

히말라야 산맥이나 안데스 산맥과 같은 산맥이 형성되는 과정을 조산 운동이라고 한다. 산맥이 형성되는 지역을 조산대라고 하며, 조산대는 화산대와 마찬가지로 지각 변동이 심하다. 조산대가 형성되는 지역은 판과 판이 충돌하는 곳으로, 횡압력을 받기 때문에 대규모 습곡 작용에 의한 지형을 관찰할 수 있다. 히말라야 산맥은 인도-오스트레일리아판이 유라시아판과 충돌하면서 생긴 산맥이며, 안데스 산맥은 나즈카판이 남아메리카판 아래로 섭입될 때 만들어진 산맥이다. 히말라야 산맥은 대륙판과 대륙판이 충돌한 경우이기 때문에 해양판과 대륙판이 충돌하여 생긴 안데스 산맥보다 높은 산맥이 형성되었다.

화산 폭탄?

화산이 무슨 군고구마 제조기도 아니고 고구마처럼 생긴 돌을 마구 날려 보내고 있다.

단테스피크 해리와 그의 아내 마리안은 화산을 연구하는 화산학자이다. 그들은 콜롬비아의 화산(영화에서 장소에 대한 언급은 없지만, 1985년 네바도 화산이 아닐까?)을 연구하다가 화산이 터지는 바람에 급하게 탈출을 시도하고 있다. 하늘에서는 화산에서 분출된 것으로 추정되는 돌이 날아오고 있다. 이 고구마 같이 생긴 화산 분출물을 무엇이라고 할까?

화산이 폭발하여 지표로 분출된 것을 화산 분출물이라고 하며, 화산

가스, 용암, 화산 쇄설물이 여기에 속한다. 화산 가스는 수증기가 전체의 60~95 %로 가장 많은 부분을 차지하고, 이산화탄소, 황, 황화수소, 아황산가스, 염화수소 등이 포함되어 있다. 용암은 마그마가 지표로 분출된 것을 말한다. 화산 쇄설물은 암석 조각이 분출된 것으로 입자의 크기에 따라 지름 32 mm 이상인 것을 화산암괴, 지름 4~32 mm인 것을 화산력, 4 mm 이하인 것은 화산재, 0.25 mm인 미세한 가루를 화산진이라 한다. 화산암괴 중 모양이 구형이나 방추형으로 생긴 것을 화산탄이라고 한다. 또한 검고 물에 뜨지 않는 돌을 스코리아, 희고 기공이 많아 물에 뜨는 돌을 부석이라고 한다. 화산재ash의 '재'의 의미는 타다 남은 재를 뜻하는 것이 아니라 모양이 재와 비슷한 데서 붙여진 이름이다. 자신만 살겠다고 헬기에 무리하게 탑승하고 날아가던 사람들의 헬기가 추락하는 장면에서 공기 중에 날아다니고 있던 것이 바로 화산재이다.

아황산가스

화산이 폭발할지 누구에게 물어봐야 할까?

단테스피크 해리는 4년 전 화산이 폭발하는 바람에 아내를 잃은 경험을 가지고 있다. 그의 상사 폴은 과거에 화산이 폭발할 것이라고 예고했다가 폭발이 없어 마을이 거의 부도 위기까지 가 버리는 실패를 경험한 적이 있다. 이렇게 정 반대되는 경험을 한 두 사람이 화산의 징조에 대해 나타내는 반응이 다른 것은 어떻게 보면 당연할 것이다. 폴은 해리가 너무 성급하게 회의를 소집했다며 나무라고, 해리는 당연히 기분이 좋지 않을 수밖에 없다. 이에 폴은 저녁에 바에서 해리를 다시 만나 그를 진정시키기 위한 것인지는 몰라도, 내일 산의 아황산가스량을 측정할 것이라고 한다. 그렇다면 아황산가스의 정체는 무엇일까?

아황산가스SO_2는 자극성 냄새를 갖는 무색의 기체로 유독하며, 이산화황이라고도 한다. 성냥이 탈 때 나는 냄새가 바로 아황산가스 때문이다. 천연으로는 화산 활동에 의해 배출되기도 하지만, 대부분 인간 활동에 의해 매년 막대한 양이 대기층으로 배출되고 있다. 주로 석탄이나 석유와 같은 황이 섞인 화석연료를 태울 때 발생되는데, 산업이 발달하면서 석유와 석탄의 사용이 늘어남에 따라 아황산가스의 배출량도 급격하게 늘어나고 있다. 즉, 화력발전소에서는 시간당 수십 톤의 아황산가스를 생성하고 있는 것이다. 이에 따라 대기오염 문제가 점점 심각해지고 있으며 아황산가스는 일차적인 환경오염의 주범으로 간주되고 있다. 영화에서도 완도 시장의 아이들이 온천에서 수영을 하기 위해 가면서, 고약한 냄새가 난다는 이야기를 한다. 바로 아황산가스와 황화수소 가스이다. 이들 가스가 온천의 주변에 있다고 해서 무해한 것은 아니며 유해한 가스이기 때문에 냄새를 맡지 않는 것이 좋다. 그러나 20세기 초까지도 아황산가스로 인하여 대기가 오염되고 이것이 사람에게 해롭다는 사실을 잘 알지 못하고 있었다. 아황산가스가 유해하다는 사실이 알려지자 영국에서는 굴뚝의 높이를 높이는 방식으로 자국의 공기층의 가스 농도를 낮출 수 있었지만, 이는 다른 나라 대기의 오염으로 이어지는 행위이다.

산성화된 호수

신의 심판이 내린 최후의 날 같이 보인다. 화산이 폭발할 때는 용암만 흘러나오는 것이 아니라 화산 가스도 나온다. 마치 볼일을 볼 때처럼(?)

단테스피크 아이들은 할머니를 구하기 위해 산으로 올라가고, 마침 흘러내리는 용암으로 길이 막혀 일행은 보트로 탈출을 시도한다. 호수에서는 이상한 냄새가 나고 죽은 고기들이 호수 위에 가득하다. 이를 보고 해리는 화산이 호수 물을 산성화했다고 하는데, 화산이 어떻게 호수 물을 산성화했을까?

화구로 분출되는 가스가 여름철의 먹구름과 같이 큰 구름기둥을 만드는 것으로 보아 화산이 다량의 수분을 포함하고 있음을 짐작할 수 있다. 분출 가스는 60~95 % 또는 그 이상이 수증기이며, 탄산가스CO_2, 이산화황SO_2, 황화수소H_2S, 염화수소HCl를 포함하고 있다. 분출 가스에 포함된 수증기는 공중으로 상승하면서 팽창 · 냉각되어 화산 부근에 심한 비를 내린다. 영화의 첫 장면에서도 화산재와 함께 비가 내리고 있는 것을 볼 수 있다. 분출되는 가스에는 수소와 산소도 들어 있으며 그 중의 일부는 화산 내에서 화합하여 폭발을 일으키기도 한다. 수증기 다음으로 많은 가스는 이산화탄소이며, 물에 녹으면 탄산이 된다. 어떤 화산은 승화된

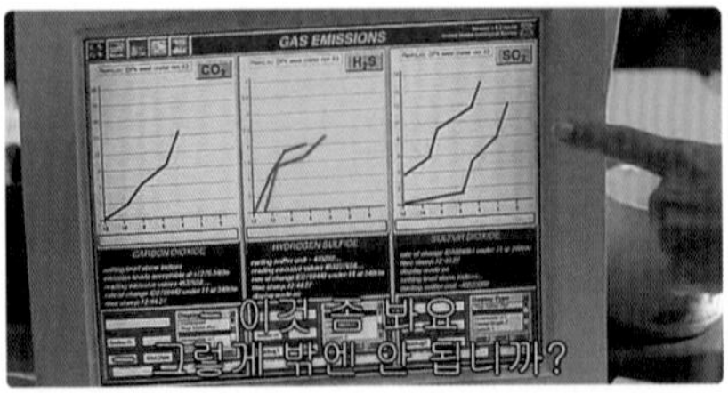

단테스피크 화산이 폭발하기 직전 감지기에 가스 발생량이 급격하게 증가하고 있는 것이 기록되고 있다.

유황과 그 화합물인 황화수소, 아황산가스를 분출하며 아황산가스는 물에 녹아 황산이 된다. 또한 물에 잘 녹는 염화수소는 부피로는 물의 500배가량 녹으며, 무게로는 물 100 g에 81.31 g이 녹는다. 염화수소의 수용액은 염산이 된다. 이산화탄소와 아황산가스, 염화수소는 모두 물에 잘 녹기 때문에 영화와 같이 호수를 산성화한다.

연수정

단테스피크 해리는 뛰어난 화산학자답게 광물에 대해서도 잘 알고 있다. 완도 시장(린다 해밀튼 분)의 딸이 가지고 있는 광물을 보고, 연수정이라는 말을 해준다. 연수정이 뭘까? 수정, 석영과는 어떤 관계가 있을까?

수정은 그 독특한 모양 때문에 항상 신비한 힘이 있다고 믿어져 왔다. 이것 때문에 여기서도 이들에게 운이 따른 것일까?

결정형이 뚜렷한 석영 SiO_2을 수정quartz이라고 하며, 크리스털crystal이라고도 한다. 압력을 가하면 전기가 발생하는 성질이 있기 때문에 크리스털 마이크로폰에 사용을 하며, 전압을 가하면 결정이 일정하게 팽창하거나 수축하는 성질을 이용하여 시계를 만드는 데 사용한다. 시계의 'quartz' 라는 표시는 석영을 이용해 만들었다는 의미이다. 석영은 산소와 규소만으로 이루어져 있으나, 소량의 금속 원소를 함유하게 되면 다양한 색을 띠게 된다. 영화에 등장하는 연수정煙水晶, smoky quartz은 연기와 같이 보인다는 뜻에서 붙여진 이름이며, 아주 어두운 연수정은 '모리온Morion' 이라고 부른다. 갈색 쿼츠는 땅속에서 자연방사선에 의해서 수정에 격자결함이 생겨 만들어진 것으로, 300~400 ℃로 가열하면 색이 엷어진다.

사화산과 휴화산

이렇게 아름다운 산이 화산으로 돌변하여 폭발하자 마을은 순식간에 지옥으로 변하게 된다.

단테스피크 야외 온천 목욕을 하던 연인들이 사고로 죽고 이에 대한 논의에서 해리가 화산이 폭발할지도 모른다는 이야기를 하자, 보안관이 사화산이 아니냐고 묻는다. 이에 해리는 사화산이 아니라 잠자고 있는 휴화산이라고 한다. 사화산과 휴화산은 어떻게 다를까?

화산은 활동의 여부에 따라 활화산과 휴화산, 사화산으로 구분할 수 있다. 활화산은 현재 활동을 하고 있는 화산, 휴화산은 현재는 활동이 중지되었으나 유사 이래 활동한 기록이 있는 화산, 사화산은 유사 이래 활동한 기록이 없는 화산을 말한다. 예를 들면 칼라우에아 화산은 지금도 활동하는 활화산이며, 한라산은 휴화산, 백두산과 울릉도는 사화산이라고 할 수 있다. 재미있는 것은 프랑스 작가 생텍쥐페리의 '어린 왕자' 가 사는 별에도 화산이 등장한다는 것이다. 어린 왕자는 불이 나오는 화산 두 개와 불이 꺼진 화산 한 개를 가지고 있다고 지리학자에게 설명을 하며, 불이 꺼진 화산도 어떻게 될지는 알 수 없다고 한다.

화산과 용암

화산이라고 하여 모두 격렬하게 폭발하는 것은 아니다. 하지만 흘러내리는 용암을 바로 앞에서 보고도 살아남거나 차를 타고 지나갈 수 있는 것은 모두 할리우드 배우들에게 주어진 특권(?)이다.

단테스피크 드디어 단테스피크가 폭발하고 말았다. 화산이 아주 격렬한 폭발형이었다는 것으로 미루어 볼 때 지금 흘러내리고 있는 용암의 성분을 추측해 볼 수 있을까?

지하 약 50~200 km에서 일부가 높은 열로 인해 녹은 암석 용융체와 수증기를 비롯한 여러 가지 기체가 포함되어 있는 것을 마그마라고 한다. 주성분은 지각의 구성 성분과 거의 같은 산소 · 규소 · 알루미늄 · 철 · 마그네슘 · 칼슘 · 나트륨 등으로, 물 · 이산화탄소 · 수소 · 질소 · 황 등 휘발성 물질이 녹아 있다. 마그마는 밀도가 주위의 암석보다 낮기 때문에 서서히 상승하여 10~20 km 깊이에서 마그마굄magma chamber을 이루었다가 약한 지표면을 뚫고 분출한다. 이때 마그마에 포함되어 있던 수증기와 가스 성분은 마그마 밖으로 빠져나오게 되며, 용암만 남아서 흐르게 된다. 따라서 용암은 마그마가 지표로 분출되어 기체 성분이 빠진 것으로 성분에 따라 분류한다. 용암은 규산SiO_2의 양에 따라 산성66% 이상, 중성66~52%, 염기성52~45%, 초염기성45% 이하으로 구분된다. 용암은 대체로 산성일수록 온도가 낮고 유동성이 작으며, 염기

성일수록 온도가 높고 유동성이 크다. 마그마는 여러 가지 물질이 섞여 있는 혼합물이기 때문에 일정한 녹는점이 없다. 따라서 마그마는 온도가 내려감에 따라 넓은 온도 범위에 걸쳐서 차차 결정작용이 진행된다. 화산의 폭발 형태도 마그마의 조성과 관련이 있어, 마그마가 가스를 다량 포함할수록, 또 규산의 함량이 많을수록 큰 폭발이 일어난다. 영화에서 마그마의 유동성이 작고, 폭발형으로 분출하는 것으로 봐서 수증기를 많이 함유한 산성 마그마가 분출한 것으로 보인다.

한라산과 후지산은 같은 모양일까?

판타스틱 4: 실버 서퍼의 위협 실버 서퍼가 지구로 날아오자 지구에는 고기를 잡던 배 주변의 바다가 얼어버리는 것과 같은 알 수 없는 일이 벌어진다. 이때 이곳이 일본이라는 것을 바로 알 수 있는 것은 뒤쪽에 배경으로 후지산이 있었기 때문이다. 그렇다면 한라산과 후지산은 모양이 비슷할까?

일본의 상징 후지산. 일본하면 후지산이 떠오르듯 우리도 우리의 상징이 될 만한 지형을 널리 알려야 하지 않을까 ?

화산은 화산체의 모양에 따라 용암 대지, 순상 화산, 성층 화산, 종상 화산으로 구분한다. 개마고원이나 콜롬비아 고원이 바로 용암 대지로 마그마가 조용히 흘러나와 생긴 평탄한 지형이다. 순상 화산은 방패처럼 경사가 완만한 화산체를 이르는 말로 한라산은 유동성이 큰 마그마가 분출하여 생긴 순상 화산이다.

화산체의 형태			
용암 대지	순상 화산	성층 화산	종상 화산
개마 고원	제주도 한라산	일본 후지산	제주도 산방산

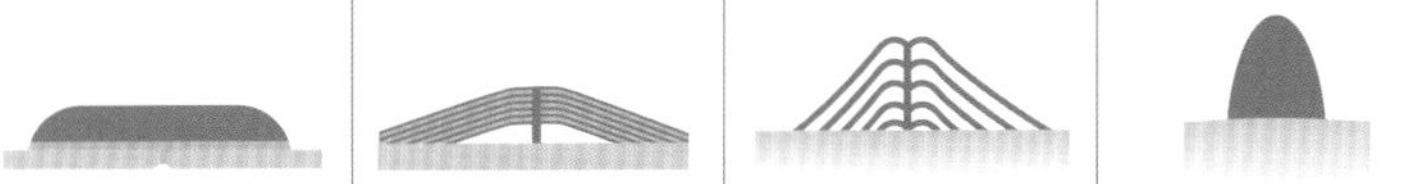

경사

완만하다 ←→ 급하다

이와는 달리 후지산은 한라산보다는 경사가 급하다. 이러한 모양의 후지산은 성층 화산이라고 부른다. 성층 화산은 마그마의 분출과 폭발이 반복되면서 형성된 것이다.

화쇄성 구름이 뭘까?

엄청나게 빠르게 다가오는 화쇄성 구름을 낡은 자동차로 피할 수 있는 것은 그들이 주인공이기 때문이다.

단테스피크 해리와 시장 가족은 산에서 산성 호수를 건너고, 용암 위를 차로 지나오는가 하면, 이번엔 화쇄성 구름을 피해 폐광으로 대피한다. 주인공은 죽지 않는다는 영화 공식 덕분에 이런 대단한 행운이 따른다. 화쇄성 구름을 피해 탄광으로 피하는 장면이 일품인데, 화쇄성 구름이란 무엇일까?

화산 폭발 초기에 공중으로 분출된 뜨거운 가스, 암석 파편, 용암과 같은 화산 쇄설물 중 무거운 것은 곧바로 땅으로 떨어져 내려온다. 이렇게 떨어진 화산 쇄설물들이 화산 가스와 함께 뜨거운 구름을 형성하며 산허리를 타고 흘러내리는 현상을 화산 쇄설류 또는 열운이라고 한다. 서기 79년 베수비오 화산이 폭발했을 때 열운을 관찰한 로마의 과학자 플리니우스는 그 무시무시한 광경을 기록에 남겼다. 이때 발굴된 한 여인의 몸에 있는 뼈가 200개 이상 부러져 있었던 것으로 봐서 그 위력을 실감할 수 있을 것이다. 하지만 이러한 열운에 대한 것은 과학자들의 관심을 끌지 못했으나, 1902년 펠레 화산의 분출 때 파리 자연사 박물관의 알프레드 라크루아가 관찰 기록을 남김으로써 관심을 끌게 되었다. 열운은 이동 속도가 빨라서 보통 초속 11~25 m 정도이지만, 더 빠른 것은 초속 40 m까지 되는 것도 있다. 영화에서도 열운이 지나가자 나무와 집이 박살 나 버리는 등, 열운의 엄청난 파괴력을 잘 보여주고 있다. 물론 주인공은 고물차로 열운의 추격을 아슬아슬하게 피해 동굴로 들어가는 데 성공하는데, 할리우드 영화 주인공에게 부여된 행운이라고 할 수 있을 것이다.

지형을 살펴라…

물란 늙은 아버지를 대신해 여자의 몸으로 전쟁터에 나간 뮬란. 뮬란과 훈족의 산유가 드디어 결전을 펼치게 된다. 이 전투에서 뮬란은 혁혁한 공로를 세우

산이 너무 날카로워 마치 칼처럼 보이지만 이러한 빙식지형은 실제로 존재한다.

지만 이때 입은 부상으로 여자임이 밝혀져 그만 군대에서 쫓겨나게 된다. 뮬란과 산유의 군대가 대결하는 장면에서 산의 모양을 보면 매우 날카로운 능선에 봉우리는 뾰족하다는 것을 알 수 있다. 이러한 지형이 생기는 원인은 무엇인가?

높은 산이나 극지방의 눈은 잘 녹지 않고 쌓여서 거대한 얼음 덩어리가 되어 서서히 흘러내리는데 이것을 빙하라고 한다. 빙하는 전 육지의 10 %를 차지하며, 그중 98 %가 남극과 그린란드에 존재한다. 빙하는 중력에 의해서 서서히 낮은 곳으로 운반이 되는데 이 과정에서 지형을 변화시키게 된다. 빙하는 두께 30 m 정도가 되면 이동하기 시작하고 강한 침식력으로 산을 깎아 여러 가지 모양의 빙식지형을 형성한다. 빙하에 의한 침식빙식을 받은 산지는 다른 산에 비해 기복이 크며, 스위스의 마터호른이나 히말라야 산맥의 산봉우리 같이 날카롭고 뾰족한 산이 형성된다.

2 날씨의 변화

대기 중의 수증기

아무것이나 얼려 버릴 수 있는 프로즌. 능력이 놀랍기만 하다.

인크레더블 이 영화는 2004년 전미 비평가협회 최우수 애니메이션으로 선정되었으며, 아이들뿐 아니라 어른들까지 모두 사로잡을 만큼 패러디나 스토리 자체가 탄탄하다. 슈퍼 영웅으로 엄청난 힘을 가진 미스터 인크레더블과 몸을 자유롭게 늘일 수 있는 엘라스티 걸, 물체를 얼려 버릴 수 있는 프로즌은 악의 무리에 대항해 시민들을 지켜 내는 슈퍼 영웅들이다. 하지만 그들에게 피해를 입었다는 시민들의 소송이 이어지자 정부에서는 슈퍼 영웅 보호프로그램을 통해서 그들을 평범한 시민으로 살아가도록 한다. 이 영화에 등장하는 슈퍼 영웅들의 능력은 모두 독특하지만 그

중에서 미스터 인크레더블의 동료인 프로존에 대해 이야기를 해 보자.

배트맨 4: 배트맨과 로빈 아이스맨의 냉동 광선을 맞고 얼어 버린 경비원. 그의 몸 주변에 생긴 얼음은 어디서 온 것일까?

프로존은 〈배트맨 4: 배트맨과 로빈〉에서 미스터 프리즈의 냉동 광선과 같이 물체를 얼려 버리는 능력을 가지고 있다. 프로존은 손바닥에서 얼음을 뿜어내고 미스터 프리즈는 냉동 광선을 통해 물체를 얼린다는 차이가 있을 뿐이다. 프로존이 얼음을 뿜어대기 위해서는 대기 중에 무엇이 있어야 할까?

프로존의 몸에서 얼음을 만들어 내서 뿜어댄다면 프로존은 순식간에 말라 버릴 것이다. 따라서 프로존의 몸에서 물을 가져온 것이 아니라 주변의 공기 중에서 물을 가지고 와서 얼렸다고 보는 것이 타당할 것이다. 공기 중의 물은 수증기의 형태로 존재하며, 이것이 응결되면 물방울이 되어 우리 눈에 보이게 된다. 공기 중에 존재하는 수증기는 액체 상태의 물이 열을 흡수하여 증발하거나 고체 상태인 얼음이 에너지를 흡수하여 승화하면서 공급되게 된다. 이와 같이 물은 열의 출입에 따라 상태변화를 하게 되며, 프로존은 바로 이러한 열의 출입을 자유롭게 조절할 수 있는 능력을 가졌다고 볼 수 있을 것이다.

대기 중으로 공급된 수증기에 의해 대기의 압력에 변화가 생기며 여러 가지 기상 현상도 일어난다. 수증기가 대기에 미치는 압력을 수증기압이라고 하며, 수증기량이 많을수록 수증기압은 증가한다. 대기는 일반적으로 온도가 높을수록 더 많은 수증기를 포함할 수 있지만 무한정 포함하지는 못한다. 이와 같이 대기가 포함할 수 있는 최대 수증기를 포함하였을 때를 포화상태라고 하며, 이때의 수증기압을 포화수증기압이라고 한다.

공기 중에 포함되어 있는 수증기의 양은 절대습도와 상대습도로 표시한다. 절대습도는 공기 1 m^3 속에 포함되어 있는 수증기의 양을 g수로 나타낸 것이며, 상대습도는 포화수증기압에 대한 현재 온도에서의 실제 수증기압의 비를 백분율로 나타낸 것이다. 흔히 일기 예보에서 "습도가 80 %입니다."와 같은 표현을 하는데 이때 습도는 바로 상대습도를 말하는 것이다. 일기 예보를 할 때 습도를 알려주는 것은 동일한 온도라 하더라도 습도에 따라서 기온을 다르게 느끼기 때문이다. 여름철에 같은 기온이라고 하더라도 습도가 높으면 훨씬 덥고 불쾌하게 느껴진다. 또한 에어컨에 제습 장치가 있는 것도 온도가 내려가면 상대습도가 높아지는 것을 막기 위한 것이다.

이슬점

트위스터 한때 빌리와 죠나스는 함께 토네이도를 연구하는 사이였지만 지금 죠나스는 연구소에서 나와 대기업에서 일한다. 죠나스는 빌리와 같이 연구할 때 아이디어를 훔쳐 근사해 보이는 토네이

자신의 아이디어를 훔쳐서 자기 것인 양 자랑하는 죠나스를 보고 흥분한 주인공 빌리.

도 측정 장치를 만들어 기자들에게 소개를 한다. 이 장면을 목격한 빌리는 자신의 아이디어를 훔친 죠나스의 행동에 화가 나서 그와 싸우게 된다. 죠나스는 토네이도 측정 장치가 풍속, 풍향, 이슬점 등의 다양한 정보를 측정한다고 설명하는데, 이슬점이 무엇일까?

공기 중의 수증기가 물방울 되는 현상을 응결이라고 한다. 공기 중의 수증기는 온도가 내려가게 되면 응결하게 되는데, 이렇게 공기가 냉각되어 이슬이 생기기 시작하는 온도를 이슬점이라고 한다. 즉 공기가 포화상태에 도달했을 때의 온도가 이슬점이며, 이슬점은 수증기압이 높을수록 높아진다. 포화수증기량은 온도에 따라 달라지며, 온도가 증가할수록 높아진다. 따라서 같은 양의 공기라도 온도가 높으면 더 많은 양의 물이 수증기가 되어 공기 중에 포함될 수 있다는 것이다. 이것은 반대로 생각하면 온도가 높은 공기 속의 수증기는 온도가 낮아지면, 다시 응결되어 물방울로 되어 빠져나와야 한다는 것을 의미한다. 이렇게 공기의 온도가 낮아져 물방울이 생기기 시작하는 온도가 바로 이슬점인 것이다. 그렇다면 기상에서 이슬점이 중요한 이유는 무엇일까? 그것은 바로 이슬점에서 구름이 생기기 때문이다. 즉, 공기가 어떤 이유에 의해 상승하게 되면, 공기는 팽창하게 되어 냉각이 되는데, 이때 이슬점에 도달하게 되면 구름이 발생하는 것이다. 새벽에 이슬이나 서리가 내리는 것도 기온이 하강하면서 공기가 포화상태에 도달하면서 발생하는 현상이다.

비행기 아래 구름이…

포근한 구름이 주는 느낌과 달리 전투기에 탄 해리의 대원들은 비행 공포증과 멀미로 죽을 맛이다.

아마겟돈 지구를 향해 날아오는 소행성 글로벌 킬러를 막을 영웅들은 해리의 굴착팀. 해리의 굴착팀이 최고라고는 하지만 우주비행에 대해서는 아무런 경험이 없기 때문에 NASA에서는 지구를 구할 영웅들에게 여러 가지 훈련을 시킨다. 그 훈련 중 하나가 바로 전투기를 타고 빠르게 비행하는 것이다. 빠르게 움직이는 전투기 안에서 대원들은 비명을 지르고 토하고 난리가 아니다. 그런데 전투기가 구름 위로 올라가 있는 장면을 자세히 보면 구름이 거의 일정한 고도를 이루고 있다는 것을 볼 수 있다. 그렇다면 구름은 어떤 고도에서 생기는 것일까?

상승하는 공기는 외부로부터 열의 출입이 없이 부피가 증가하게 되는데, 이를 단열팽창이라고 한다. 반대로 하강하는 공기는 외부로부터 열의 출입 없이 부피가 감소하게 되는데, 이를 단열압축이라고 한다. 상승하는 공기는 열을 흡수하지 못하고 공기의 부피가 증가했기 때문에 온도가 낮아지게 된다. 요리를 하기 위해 휴대용 가스레인지를 어느 정도 사용하고 난 후 부탄 가스통을 만져 보면 차가워진 것을 알 수 있다. 이것도 부탄가스가 압축된 상태에서 단열팽창했기 때문에 나타나는 현상이다. 일본 애니메이션 〈스팀보이〉에는 스팀볼이라는 수증기를 엄청난 압력으로 압축해 놓은 기구가 등장한다. 스팀볼에서 스팀이 빠져나오면서 강과 도시를 얼리는 장면이 등장하는데, 이것도 바로 단열팽창에 의한 냉각현상인 것이다.

상승하는 불포화공기는 100 m 상승할 때마다 1 ℃씩 온도가 내려가고건조단열 감률, 포화된 공기는 0.5 ℃씩 내려간다습윤단열 감률. 상승하는 공기가 단열냉각으로 온도가 낮아지게 되면, 이 공기의 상대습도가 높아지게 된다. 계속 습도가 높아져 100 %, 즉 포화상태가 되면또는 이슬점에 도달하면 구름이 생기게 되는 것이다. 상승하는 공기가 덩어리에서 구름이 만들어지는 높이를 상승 응결 고도라고 하며, 다음과 같은 식으로 나타낼 수 있다

스팀보이 스팀볼에서 수증기가 빠져나오면서 강이 얼어 버렸다.

$$\text{상승 응결 고도}(h) = 125(t - t_d) \quad t: \text{기온},\ t_d: \text{이슬점}$$

구름이 만들어지기 위해서는 공기가 상승해야 한다. 공기가 상승하는 경우는 다양하지만 크게 네 가지로 구분할 수 있다. 즉 태양열에 의해 지표면이 불균등하게 가열되었을 때, 저기압이 발생해 공기가 모여들 때, 공기가 산의 빗면을 타고 올라갈 때, 전선에서 따뜻한 공기가 찬 공기 위로 타고 올라갈 때 공기가 상승하게 된다.

구름이 발생하여도 구름이 주변의 공기보다 온도가 높다면 계속 상승하게 된다. 이렇게 상승한 구름은 주변의 공기와 온도가 같아지는 지점에서 상승을 멈추게 된다. 대류권에서는 고도가 높아짐에 따라서 기온이 낮아지게 되고기온 감률선, 상승하는 공기도 온도가 낮아지게 되는데건조 단열 감률선, 상승하는 공기의 온도가 낮아지는 비율이 클 경우

는 대기가 안정된 상태를 보이며 이때는 층운형의 구름이 생기게 되고, 기온의 감률이 더 클 경우는 상승하는 공기가 계속 상승하려는 경향을 보이기 때문에 높이 솟아오른 형태의 적운형 구름이 생기게 된다.

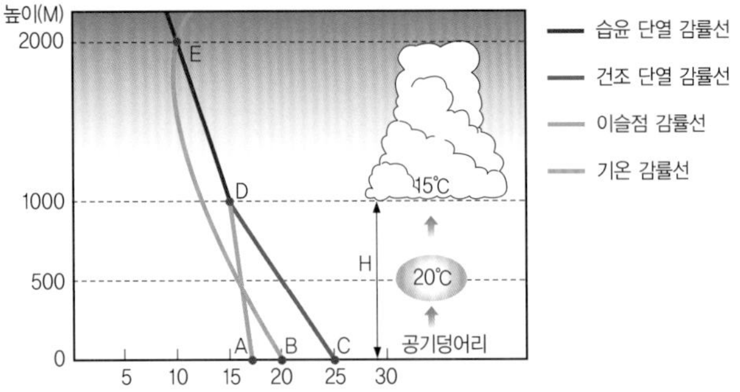

구름의 생성. 25 ℃의 공기 덩어리(C)는 주변(B)의 공기보다 온도가 높기 때문에 상승(C에서 D)하게 된다. 이렇게 상승한 공기가 상승응결고도(D)에 도착하면 구름이 생긴다. 포화상태인 이 공기는 주변과 온도가 같아지는 고도(E)까지 상승하게 된다.

적운형 구름

영화에서는 토네이도가 아니라도 어떤 특별한 일이 발생할 때마다 적운형 구름이 자주 등장한다.

트위스터 돌풍 추적대에게 곧 토네이도가 나타날 것이라는 징조로 적운층이 발생하고 있다는 관측소의 보고가 들려온다. 돌풍 추적대는 이 연락을 받고 토네이도를 추적할 계획을 세운다. 그렇다면 적운이란 어떤 구름일까? 그리고 어떤 경우에 적운이 발생할까?

공중에 떠 있는 미세한 물방울이나 얼음 알갱이를 구름이라고 한다. 『국제 구름 도감』에서는 밑면의 높이운고와 모습에 따라 구름의 모양운형이라고 함을 10가지 기본형으로 나누었다. 이 외에도 여러 가지 변종 구름과 비행기가 지나간 후에 발생하는 비행운과 같은 특수한 구름도 넓은 의미에서 구름에 포함시키기도 한다. 구름이 발생한 높이에 따라 층상운은 5~13 km 사이의 상층운권운, 권적운, 권층운, 2~7 km 사이의 중층운고적운, 고층운, 난층운, 지면~2 km 사이의 하층운층적운, 층운으로 나눌 수 있으며, 연직으로 발달한 구름 중 밑면이 평평하면 적운, 난층운과 비슷하면 적란운이라 하여 10개의 구름으로 구분한다. 지표면이 부등 가열되면 강한 상승기류가 생기고, 이 상승기류에 의해 수직으로 발달한 형태의 구름이 생기는데 이것이 적운이다. 적운은 낮게는 500 m 부근에서 발생을 하고, 구름의 꼭대기가 10 km 이상까지 올라가는 경우도 있다고 한다.

트위스터 유방운이라는 이름은 구름의 모양 때문에 붙여진 이름이다.

조와 빌리는 토네이도를 추적하면서 하늘을 쳐다보고 유방운의 최상층이 4만 피트약 12 km는 될 것이라고 한다. 유방운은 구름의 기본형에는 속하지 않으나, 구름의 아래 밑면이 젖꼭지와 같이 몽글몽글하다고 해서 붙여진 이름이다. 유방운은 적란운이나 난층운에서 많이 발생하기 때문에 비가 올 징조라고 할 수 있으며, 영화에서는 토네이도의 발생 징조로 이야기하고 있다.

구름의 색

흰 구름과 먹구름이 생기는 것은 모두 빛에 의한 것이다.

트위스터 돌풍 추적대가 토네이도를 쫓아서 들판을 달리고 있다. 멀리 푸른 하늘과 흰 구름, 검은 구름이 사이좋게 떠다닌다. 하늘색이 파란 이유와 구름의 흰색과 검은색이 생기는 이유가 뭘까?

세상의 모든 색은 빛의 조화에 의한 것이다. 구름의 색이 흰색이라면, 이것은 빛을 모두 반사한다는 의미이며, 검다는 것은 빛이 우리 눈에 거의 도달하지 않는다는 의미이다. 흰 구름은 빛이 물방울 속에서 굴절이 되어 그대로 우리 눈에 도달하기 때문에 흰 것이며, 검은 구름 적운이나 난층운은 뒤쪽의 흰 구름에 의해 빛이 가려지기 때문에 검게 보이는 것이다. 그렇다면, 하늘의 빛은 왜 푸른 것일까? 공기는 원래 색이 없기 때문에 물체들은 원래의 색깔 그대로 보인다. 하지만 공기 중의 질소와 산소 같은 기체들은 빛을 산란시키는 역할을 하며, 특히 파장이 짧은 청색 계열의 빛을 잘 산란시키게 된다. 즉, 대기를 통과하면서 산란된 빛 중 파란색 계열의 빛만 눈으로 들어오게 되기 때문에 하늘이 파랗게 보이는 것이다. 또한 정오의 태양의 경우에는 파란색 계열의 빛을 제외한 녹색과 빨간색 계열의 빛이 우리 눈에 들어온다. 녹색과 빨간색이 합쳐지면 우리 눈에는 노란색으로 보이며, 이 때문에 정오의 태양은 노랗게 보인다.

안개 만들기

엑스맨 매그니토가 로그의 능력을 빌어 뉴욕의 시민들을 모두 돌연변이로 만들려고 하자 엑스맨들은 비행기를 타고 로그를 구하러 간다. 엑스맨들이 타고 가는 비행기에는 전파 추적을 피하기 위한 레이더 교란 장치가 장착되어 있다. 하지만 저공비행을 하게 되면 사람들의 눈에 비행기가 발각될 수 있기 때문에 스톰이 안개를 만들어 내고 있다. 물론 사람의 힘으로 안개를 만들어 낼 수는 없겠지만 자연의 경우와 비교해 보면 그녀가 어떤 능력을 가져야 가능하겠는가?

엑스맨의 능력은 단순한 초능력이라기보다 거의 신의 능력에 가까워 보인다. 원하면 이렇게 인상 한 번 써서 쉽게 안개를 만들어 내기 때문이다.

안개는 관측지점으로부터 1,000 m 이내의 목표물이 보이지 않을 때를 말하며, 그보다 농도가 엷은 것은 박무라고 한다. 안개는 수증기가 지면 가까운 곳에서 응결되어 떠 있는 현상으로 지상에서 발생한 구름이라고 생각할 수 있다. 구름이나 안개는 공기 중에 수증기가 공급이

패트리어트: 숲 속의 여우 습지에서는 수증기의 공급이 많아 안개가 잘 생긴다.

로빈슨 크루소 새벽에는 기온의 하강에 의해 안개가 생긴다.

되거나, 공기의 온도가 내려갈 때 생긴다. 즉, 공기가 포함할 수 있는 수증기보다 더 많은 양의 수증기가 공기 중에 포함되었다가 다시 조그만 물방울로 밖으로 빠져나온 것이 바로 안개또는 구름이다. 이렇게 수증기가 공급되어 발생하는 안개에는 증기 안개와 전선 안개가 있다. 〈패트리어트: 숲 속의 여우〉에서 민병대가 숨어 있는 숲 속은 습지로 되어 있어 안개가 끼는 모습을 볼 수 있는데, 이 안개가 바로 증기 안개이다. 전선 안개는 비가 올 때 증발한 수증기에 의해서 생기는 안개이다. 공기의 냉각으로 인해 발생하는 안개에는 복사 안개, 이류移流, 공기가 수평으로 이동한다는 뜻 안개, 활승 안개가 있다. 〈로빈슨 크루소〉에서 로빈슨 크루소는 결투에서 사람을 죽이는 바람에 마차를 타고 새벽에 도망을 친다. 이 장면에서 볼 수 있는 안개가 바로 복사 안개이다. 복사 안개는 가을이나 겨울 새벽에 복사 냉각에 의해 발생하는 안개이다. 이류 안개는 따뜻하고 습한 공기가 찬 바다 위를 지날 때 온도가 내려가면서 발생한다. 활승 안개는 공기가 산 사면을 따라 상승할 때 발생한다. 활승 안개는 지상에서 보면 마치 구름처럼 보인다. 이는 구름과 안개가 발생한 높이만 차이 날 뿐 모두 물방울로 이루어져 있기 때문이다.

우박은 어떻게 만들어질까?

트위스터 빌리와 조는 차를 몰고 열심히 토네이도를 쫓아가고 있다. 이때 그들이 토네이도 가까이 접근하자 갑자기 우박이 내리기 시작한다. 그렇다면 우박은 어떻게 생기는 것일까?

갑자기 내리는 우박은 어떻게 만들어지는 것일까?

몇 해 전 스페인에서는 농구공 크기만 한 우박4 kg 정도이 떨어져 사람들을 놀라게 한 적이 있었다. 이는 매우 이례적인 현상으로 조금 큰 우박의 경우 밤톨만 한 크기의 것이 떨어지는 경우는 종종 있지만 이렇게 큰 것이 떨어지는 일은 매우 드문 일이다. 중위도 지역의 구름 상층부는 주로 빙점, 즉 얼음알갱이로 되어 있다. 이것이 하강 기류와 함께 아래로 내려오게 되면 아래쪽이 기온이 높기 때문에 녹게 된다. 녹아서 그대로 내리게 되면 비가 되지만, 이것이 다시 강한 상승 기류와 함께 상승하게 되면 다시 얼게 되고, 이러한 과정이 반복되면 우박이 성장하게 된다. 우박의 크기는 이러한 성장과정이 얼마나 반복되었는가에 달려 있다. 따라서 우박이 생성되기 위해서는 강한 상승 기류가 필요하며, 영화에서와 같이 뇌운이 발달할 때 자주 발생한다.

투모로우 기상이변으로 일본에 주먹 크기의 우박이 내리고 미처 피하지 못한 사람이 쓰러졌다. 이 장면에서 우박을 자세히 보면 투명하게 보이는데 실제 우박은 불투명하게 보인다.

위대한 공기

지구 대기압의 1/100 정도밖에 되지 않는 화성 대기에 노출되자 괴로워하는 주인공.

토탈리콜 필립 K. 딕의 단편 소설이 원작인 이 영화는 지금 보면(모든 영화가 다 그렇지만) 유치하게 느껴지지만 개봉 당시 특수효과가 상당히 신선하게 다가왔다. 지금은 캘리포니아 주지사가 된 아놀드 슈왈츠제너거가 특수 요원 퀘이드로 등장해 눈이 튀어나오는 장면이나 자신의 속을 모두 보여주는 X선 투시장면 등은 영화를 보고 한참의 세월이 흘렀지만 아직도 인상적으로 남아 있다. 여하튼 이 영화의 마지막에서 우주복도 입지 않고 화성 표면으로 내동댕이쳐진 퀘이드는 눈알이 튀어나오고, 얼굴이 부풀어 오르는 흉물스러운 모습이 된다. 기지내부에서는 멀쩡하던 사람이 왜 이렇게 된 것일까?

오리털로 만든 이불은 부피에 비해 매우 가볍다. 그러나 아무리 가벼운 오리털 이불이라도 100채쯤 덮는다면? 아마 그 무게에 눌려 잠은 고사하고 숨도 쉬기 힘들 것이다.

그럼 공기의 무게는 어떨까? 공기도 그 자체의 무게는 매우 가볍지만, 엄청난 두께로 쌓여 있기 때문에 어마어마한 압력으로 우리를 누르고 있다. 그런데 우린 어떻게 이렇듯 멀쩡하게 생활할 수 있는 걸까? 그 이유는 우리 몸 안에서 밖으로 같은 압력으로 밀고 있기 때문이다.

평소에는 공기가 누르는 압력을 경험할 수 없다. 하지만 이 영화에서와 같이 공기가 거의 없는 곳에 간다면, 그 위력이 얼마나 큰지 알 수 있게 된다. 퀘이드가 화성 대기에 노출되자 얼굴이 부풀어 오르고 눈알이 튀어나오는 것물론 이 장면은 영화적 과장이 좀 있다은 몸이 지구의 대기압 하에서 정상적인 활동을 할 수 있게 적응이 되어 있기 때문이다. 따라서 정상적인 대기압에서는 대기압을 느끼지 못하기 때문에 오랜 세월 동안 대기압의 존재나 그 크기를 측정하지 못했던 것이다.

17세기 이탈리아의 물리학자 갈릴레이는 공기의 성질에 대한 연구를 하던 중 깃털이 떨어지는 모습을 보고 공기가 무게를 가지고 있을 것이라고 생각했다. 그는 플라스크 안에 공기를 압축해서 넣고 무게를 측정해 공기가 무게가 있다는 것을 알아냈다. 하지만 갈릴레이는 우물의 물을 펌프로 10.3 m 이상 끌어올릴 수 없는 이유에 대해서는 알지 못했다. 그는 이 문제를 자신의 조수이자 제자였던 토리첼리Evangelista Torricelli와 함께 풀고 있었다. 그러나 갈릴레이는 끝내 이 문제를 풀지 못하고 77세의 나이로 죽었다.

이탈리아의 물리학자인 토리첼리는 갈릴레이의 제자로, 비비아니와 함께 대기압을 측정하고, '토리첼리의 진공'을 발견하였다.

그 뒤 토리첼리는 이 문제를 풀기 위한 실험을 계속하였는데, 매번 10 m 이상의 유리관에 물을 넣는 것이 너무 힘들었다. 그래서 그는 실험을 좀 더 간단히 하기 위해 물 대신 밀도가 높은 수은을 사용했다. 그는 한쪽 끝이 막힌 유리 기둥 속에 수은을 채우고 수조에 거꾸로 세워 수은 기둥이 76 cm까지 내려오는 것을 관찰했다.

토리첼리의 위대함은 흔히 이야기하듯이 이 실험을 고안한 것에 있다기보다는 이 현상을 정확하게 해석해 낸 것에 있다고 해야 할 것이다. 그의 스승인 갈릴레이나 많은 사람들이 생각하는 것과 같이 물이 끌려 올라가는 것이 진공의 힘에 의해 끌어당겨지는 것이 아니라 수은 기둥이 내리누르는 압력과 대기에 의한 압력이 같다는 것을 알아낸 것이다. 당시 교회는 아리스토텔레스의 주장에 따라 진공의 존재를 거부하고 있었다. 이러한 상황에서 진공을 발견한 토리첼리의 실험은 그의 스승이었던 갈릴레이와 같이 문제를 일으킬 수 있었기 때문에 자신의 연구 결과를 선뜻 발표하지 못했다. 한편 프랑스의 철학자이자 물리학자인 파스칼은 토리첼리가 만든 수은 기압계를 이용하여 고도에 따라 기압이 달라진다는 것을 알아냈다.

헥토파스칼은 무엇의 단위?

봐라! 영화도 알아야 본다. 헥토파스칼이라는 물리 단위가 나왔다.

버티칼리미트 애니와 본의 등반팀이 K2로 올라가고 베이스 캠프에서는 일기를 살피고 있다. 이때 980헥토파스칼이라는 이야기와 함께 계속 하강이라고 말을 한다. 헥토파스칼은 무엇의 단위일까?

공기의 무게에 의해 나타나는 압력을 기압이라고 한다. 이러한 기압의 단위로는 기압을 발견한 토리첼리의 방법에서 기원한 단위인 수은주의 높이mmHg나 물기둥의 높이mmH_2O로 나타내기도 하며, cm^{2}에 대해서 1,000 dyn의 압력을 1 mb밀리바로 사용하기도 했다. 밀리바는 헥토파스칼과 같은 크기의 단위로 1 mb = 1 hPa이다. 1979년 세계기상기구는 1946년 이후 사용해 오던 mb 대신 hPa을 기압의 단위로 쓰기로 결정하였다. 헥토파스칼의 'h'는 '헥토hecto'라는 접두어로 10^2을 나타내며, 파스칼의 단위가 너무 작은 수치이기 때문에 사용의 편이를 위해 붙여서 사용하는 것이다. 따라서 헥토미터hm는 100미터와 같은 길이가 되지만, 잘 사용하지는 않는다. 파스칼이라는 단위는 당연히 프랑스의 철학자이자 물리학자인 파스칼Blaise Pascal의 이름에서 따온 것이며, 진공의 연구에 사용되는 토르torr라는 단위는 진공을 발견한 토리첼리의 업적을 기리기 위한 것이다.

$$1기압 = 76\ cmHg = 10.33\ mH_2O = 1013\ mb = 1013\ hPa$$

이상한 연구소 아쿠아티카

이때까지 잘 버틴 연구소가 갑자기 수압 걱정을 해야 하는 것일까? 긴장감을 증폭시키기 위한 설정은 아닐까?

딥블루시 지금 연구원들이 상어의 공격으로 제정신이 아니지만 그래도 차분하게 탈출 방법에 대해 이야기를 하고 있다. 수잔 박사는 연구소가 기밀실이라고 말을 하고 있다. 그리고 수면부가 폭발로 인해 파손되었다면 이곳의 수압이 불안정해져 연구소에는 수백만 톤의 물이 쏟아져 들어올 것이라고 말한다. 연구소는 수면 아래 230 m 지점에 건설되어 있다. 이런 연구소가 기밀실이라야 하는 이유는? 그리고 왜 수면과 연결된 통로의 문을 여는데 이렇게 신중할까?

이 영화에 등장하는 상어 연구소인 아쿠아티카는 설계부터 문제가 있다. 230 m 아래쪽에서 바다와 연결이 되어 있으면, 바닷물이 올라오지 않게 하기 위해 실내의 압력도 24기압으로 맞추어져 있어야 한다. 그렇지 않으면 물이 연구소 내로 들어오기 때문이다. 이렇게 높은 압력이라면 연구소 직원들은 출입 시에 많은 장애가 발생하게 된다. 높은 압력에 적응을 해야 하고, 감압에 많은 시간이 소요되기 때문이다. 하지만, 일단 건설이 되어 있다고 치자. 연구소가 기밀실이어야 하는 이유는 무엇일까? 빨대 끝을 막고 물속에 집어넣으면 빨대 안으로 물이 차오르지 않는다. 하지만 막고 있는 손을 떼게 되면, 물이 수면과 같은 높이까지 올라오게 된다. 이는 수압과 대기압이 평형을 이루는 위치에서 물이 올라오는 것이 멈추기 때문이다. 잠시 후 영화에서는 통로의 문을 열자 연구소의 공기가 통로를 통해 빠져나가고 바닷물이 솟구쳐 올라오는 모습을 볼 수 있다.

기압 분포와 바람

몬테크리스토 백작 에드몬드 단테스(짐 카비젤 분)는 순수하고 정직한 청년이지만 친구의 배신으로 샤또디프 형무소에 투옥된다. 13년 동안의 투옥 생활 끝에 겨우 탈출하여 해변으로 나오게 되자 좋아서 뛰어다니는 단테스. 그러나 그를 기다리고 있는

단테스의 머리카락이 살짝살짝 날리고 있다. 이 모습을 자세히 보면 등 뒤에서 바람이 부는 것을 알 수 있다.

것은 해적들이었다. 해적과 만나는 장면에서 단테스의 머리카락이 휘날리는 것을 볼 수 있다. 이것은 바다에서 육지로 바람이 불어왔기 때문인데, 이런 바람을 해풍이라 한다. 그렇다면 해풍은 왜 부는 것일까?

슈퍼맨 4 옛날 사람들은 슈퍼맨과 같이 신이 바람을 불어서 일으킨다고 생각했다.

옛날 서양 사람들은 바람이 부는 것은 천사의 날갯짓과 같이 신들에 의해서 발생하는 것이라고 생각했다. 바람에 대한 이러한 생각이 대항해 시대15~17세기가 되어서도 크게 달라지지는 않았지만 무역풍을 이용해 장거리 항해를 하는 용감한 선원들도 있었다. 그들은 바람이 부는 원리를 몰랐지만 오랜 경험을 바탕으로 장거리 항해를 성공시켰다. 바람에 대한 체계적인 연구는 핼리 혜성으로 유명한 영국의 천문학자 핼리Edmund Halley에 의해 이루어졌다. 그는 계절풍과 무역풍에 관한 연구를 하여 최초의 기상도를 그렸다. 또한 무역풍이 발생하는 원리를 구체적으로 설명하였다. 그의 주장에 따르면, 무역풍은 적도에서 태양에 의해 데워진 공기가 위로 상승하면서 저기압이 발생하고 주변의 공기가 빨려 들어가면서 발생하는 바람이라고 설명했다. 그러나 그 당시 핼리는 무역풍이 왜 항상 동쪽에서 불어오는지는 설명하지 못했다.

핼리의 설명과 같이 바람은 고기압에서 저기압으로 분다. 고기압은 주위보다 상대적으로 기압이 높은 곳, 저기압은 주위보다 상대적으로 기압이 낮은 곳이다. 고기압에서는 하강기류가 발생해 구름이 소멸되어 날씨가 맑고, 저기압에서는 이와 반대로 공기가 상승하여 구름이 발생한다. 물이 높은 곳에서 낮은 곳으로 흐르고, 열이 온도가 높은 곳에서 낮은 곳으로 흐르듯이 바람도 고기압에서 저기압으로 분다. 따라서 바람은 고기압에서 저기압으로 직선으로 불어가야 하지만 사실은 그렇게 불지 않는다. 이는 핼리가 바람이 부는 원리를 정확하게 인식했음에도 불구하고, 왜 무역풍이 항상 동쪽으로부터 불어오는지 알 수 없었던 것과 같은 이유에서이다. 즉 지구가 자전하기 때문에 지표면에서 움직이는 물체는 힘을 받는데, 이 힘을 전향력코리올리 힘이라고 한다. 북반구에서는 물체가 움직이는 방향의 오른쪽으로 작용하며, 남반구에서는 물체가 움직이는 방향의 왼쪽으로 작용한다. 그래서 북반구 무역풍은 북동풍이며, 남반구 무역풍은 남동풍이다.

캐리비안의 해적 3 해적들과 동인도회사의 전투가 벌어지기 직전이다. 이 당시 배들은 대부분 바람을 이용했는데, '무역풍(trade wind)'이라는 이름도 신대륙으로 항해할 때 일정하게 부는 이 바람을 이용했기 때문에 붙여진 것이다.

영화 속에서와 같이 낮에는 바다에서 육지로 해풍이 불고, 밤에는 그 반대로 육지에서 바다로 육풍이 분다. 이것은 육지가 바다보다 비열 질량 1g인 물체의 온도를 1℃ 높이는 데 필요한 열량으로 비열이 클수록 온도를 높이기 어렵다이 작아 태양에 의해 쉽게 가열되고 쉽게 식기 때문이다. 낮에는 육지가 먼저 가열되어 공기가 상승하기 때문에 바다에서 바람이 불어오고 밤에는 이와 반대가 된다하지만 해륙풍의 세기가 약하기 때문에 영화 속에서 찾아내는 것이 쉽지는 않다. 계절풍 또한 같은 원리에 의해서 부는 바람이다.

풍향과 풍속

트위스터 조와 그의 연구팀의 자동차 위에는 여러 가지 장치가 되어 있다. 이 중 탁구공을 잘라 놓은 것 같은 장비의 이름은 무엇이며, 무엇을 할 때 사용하는 것일까?

토네이도 추적 차량 위에 달려 있는 3배 풍속계.

대기의 수평 움직임을 바람이라고 하며, 지면에 대해 상대적인 운동으로 표현한다. 연직 방향의 움직임은 바람이라고 하지 않으며, 기류라고 표현할 때가 많다.

옛 중국과 이집트의 기상학자들은 바람이 불어오는 방향을 나타내는 바람개비를 만들어 바람의 방향을 측정했으며, 근대 유럽의 과학자들은 바람 속에 깃털을 날려 깃털이 두 지점 사이에서 이동하는 거리를 보고 바람의 빠르기를 측정했다.

〈트위스터〉에서 빌리는 토네이도가 발생할 징조를 살피기 위해 흙을 뿌려보며 바람을 관찰한다. 이때 흙이 바람에 날려가는 것을 보고 바람의 세기와 방향을 추측해 보고 있다. 바람의 방향을 풍향이라고

트위스터 흙을 뿌려 날리는 모습으로 바람을 관찰하고 있다.

꼬마돼지 베이브 지붕 위에 달려 있는 수탉 모양의 풍향계.

하는데, 정확히 말하면 풍향은 바람이 불어가는 방향이 아니라 불어오는 방향이다. 바람의 빠르기를 풍속이라고 하며, m/s 단위로 표시한다. 풍향과 풍속은 모두 수시로 바뀌기 때문에 10분간의 평균으로 표시한다. 토네이도를 추적하는 차량 위에는 바람의 빠르기를 알 수 있는 풍속계가 달려 있다.

앞의 장면에서 자동차 위에 탁구공을 반쯤 잘라 놓은 듯한 장비가 바로 풍속계이다. 이 세 개의 컵은 바람이 불면 바람에 의해 회전하게 되며, 이것을 이용한 것이 바로 3배식 풍속계이다. 변동하는 풍속에 회전속도가 잘 따라가도록 관성모멘트를 될 수 있는 한 작게 하기 위해 바람 컵의 수를 최소로, 바람 컵의 팔 길이도 될 수 있는 한 짧게, 바람 컵의 전체중량도 가능한 한 가볍게 만든 것이 3배식이며, 4배식보다 우수한 것으로 알려져 있다. 풍향과 풍속을 동시에 측정할 수 있게 고안이 된 것으로 에어로베인식 풍향 풍속계가 있으며, 이것은 조그만 모형비행기와 같은 모양을 하고 있다. 그리고 태풍이 불어올 때 일기예보에서 이야기를 하는 최대풍속이라는 것은 순간풍속을 말한다.

풍향계는 바람의 방향을 가리키는 장비로 바람에 의해 발생한 회전력을 이용한다. 가장 간단한 풍향계로는 고속도로나 공항 주변에 설치된 바람자루가 있다. 바람자루는 얇은 천을 매미채와 같은 모양으로 만들어 끝을 잘라 바람이 통과할 수 있는 구조로 되어 있다. 일반적인 풍향계는 화살 모양으로 만들어져 있는데, 날개 부분이 화살촉 부분보다 공기저항을 더 많이 받기 때문에 화살촉 부분이 바람의 방향을 가리키게 된다. 서양에서는 풍향계를 웨더콕weathercock이라고 불렀는데, 옛날에 수탉 모양의 풍향계를 지붕 위에 설치했기 때문이다.

강력한 토네이도

토네이도의 비밀을 캐내기 위해 목숨을 걸고 연구하고 있는 돌풍 추적대.

트위스터 지상에서 가장 강한 바람인 토네이도는 집을 날려 버릴 만큼 강하다. 영화 속에서 젖소가 날아가는 장면이 다소 코믹하기는 하지만 실제로 토네이도는 이 정도의 위력을 가지고 있다. 토네이도는 무엇일까?

바람은 그 규모에 따라 대규모, 중규모, 소규모 풍계로 나눌 수 있으며, 토네이도는 국지적으로 발생하는 소규모 풍계의 일종이다. 토네이도가 소규모 풍계라고 해서 약한 바람이 아니며, 규모가 작을 뿐 지구상에서 발생하는 바람 중 가장 빠른 바람이다. 토네이도라는 명칭은 미국의 동부에서 불리는 명칭이었으나, 지금은 토네이도와 같은 바람을 널리 통칭하여 부른다. 우리나라에서는 용이 승천할 때 생긴다는 뜻으로 '용오름'이라 부르는 회오리가 생긴다. 영화에서 지적했듯이 아직도 토네이도의 발생 원인은 정확하게 밝혀지지 않았으며, 온대 저기압에서 적운형 구름이 발생할 때 생긴다는 것과 일반적인 구조가 알려진 정도이다. 토네이도는 밖에서 안으로 들어갈수록 바람의 세기가

트위스터 토네이도에 의해 젖소가 날아가고 있다.

빨라지며, 이것은 각운동량 보존의 법칙에 의해 생기는 현상이다. 즉, 스케이트 선수가 회전할 때 팔을 접으면 더 빨리 회전하는 것과 같은 현상이다. 토네이도의 등급은 영화에서와 같이 F라는 수치로 표시하며, F5 정도이면 500 km/h 정도가 된다. 이 정도 바람이면 대부분의 집이 부서지고, 영화에서와 같이 자동차도 날아가 버린다. 진짜로 믿을 수 없을 정도로 강력한 바람이 바로 F5급의 바람인 것이다. 기록에 의하면 토네이도에 의해 기차가 끌려올라 갔다는 이야기도 있다.

기단과 전선

캐러비안의 해적 이 영화는 넓은 바다를 누비며 보물을 찾아다니는 해적들의 이야기이다. 영화의 제목이 〈캐러비안의 해적〉이기는 하지만 해적들의 배는 카리브 해 뿐 아니라 전 세계의 바다를 누빈다. 바다를 배경으로 해적선과 군함들의 항해 모습이 일품이다. 그렇다면 이렇게 넓은 바다에서 발생하는 거대한 공기 덩어리의 성질은 어떨까?

넓은 바다를 항해하기 위해서는 바람을 잘 이용할 수 있어야 했다.

오랫동안 같이 살아온 사람들끼리 닮듯이, 공기도 그것이 머무는 지역의 성질을 닮게 된다. 즉 따뜻한 바다에 머물러 있던 공기는 온도와 습도가 높고, 차가운 대륙에 머물러 있던 공기는 온도와 습도가 낮다. 이렇게 온도와 습도가 비슷한 거대한 공기 덩어리를 기단이라고 한다.

기단은 그 지역의 날씨를 결정짓는 중요한 요인이다.

그렇다면 우리나라 날씨에 영향을 주는 기단에는 어떤 것이 있을까? 겨울에는 시베리아 지방에서 발생한 차고 건조한 시베리아 기단의 영향을 받고, 봄과 가을에는 온난 건조한 양쯔강 기단의 영향을 받는다. 초여름에는 차고 습도가 높은 오호츠크 해 기단의 영향을 받는다. 여름에는 고온 다습한 북태평양 기단의 영향을 받아 무더운 날씨가 되며, 오호츠크 해 기단과 만나 장마 전선을 형성한다. 적도에서 발생한 적도 기단은 고온 다습하며, 여름과 초가을 날씨를 지배하게 된다. 적도 기단과 함께 태풍이 올라와 많은 피해를 주기도 한다.

기단의 성질은 발생 장소에 따라 달라지지만 이동되는 장소에 따라 그 성질이 변하기도 한다. 즉 차고 건조한 성격의 시베리아 기단이 따뜻한 서해를 지나면서 수증기를 공급 받아 습도가 높아져 서해안에 폭설을 내리게 하기도 한다. 또한 따뜻한 기단이 차가운 바다 위를 지나게 되면 하층이 냉각되면서 안개가 발생하기도 한다. 이와 같이 여러 가지 성질을 가진 기단이 만나게 되면 두 공기 사이에 경계면이 형성된다. 이 경계면을 전선면이라 하고, 전선면이 지면과 만나는 선을 전선이라고 한다. 전선에는 찬 공기가 더운 공기를 밀고 들어가 형성되는 한랭 전선, 더운 공기가 찬 공기를 밀어붙이는 온난 전선이 대표적이다. 온난 전선의 경우, 전선면의 기울기가 완만하고 층운형 구름이 생기며, 전선 앞의 넓은 지역에 이슬비가 내린다. 이에 비해 한랭 전선의 경우, 전선면의 기울기가 급하고 적운형 구름이 생기며, 전선 뒤의 좁은 지역에 소나기가 내린다. 이 밖에 두 기단의 세력이 비슷할 때 형성되는 장마 전선과 같은 전선을 정체 전선이라고 한다. 또한 한랭 전선과 온난 전선이 겹쳐서 형성되는 폐색 전선도 있다.

허리케인의 정체는?

퍼펙트 스톰 이 영화는 1991년에 있었던 실화를 바탕으로 한 소설이 원작으로 폭풍과 사투를 벌이는 인간의 모습을 사실적으로 묘사했다. 1억 2천만 달러라는 막대한 제작비를 들인 영화답게 30미터에 달하는 거대한 파도의 모습은 압권이지만, 전체적으로는 다소 지루한 전개를 보인다는 것이 조금 아쉽다. 그렇다면 영화 속에서 빌리 타인 선장(조지 클루니 분)이 이끄는 어선 '안드레아 게일' 호를 집어삼킨 허리케인의 정체는 무엇일까?

열대성 저기압은 전선을 동반하지 않는다.

저기압에는 온대 지방이나 한대 전선대에서 생성되는 온대 저기압과, 열대 해상에서 발생하는 열대 저기압이 있다. 온대 저기압은 편서풍에 의해 서쪽에서 동쪽으로 이동한다. 우리나라도 편서풍대에 속하기 때문에 온대 저기압의 영향을 많이 받는다. 온대 저기압은 찬 공기와 더운 공기가 만나서 섞일 때 발생하는 위치에너지의 감소로 인해 발생하는데, 생성에서 소멸까지 1주일 정도 걸린다. 온대 저기압은 온난 전선이 통과한 후 한랭 전선이 통과하게 되는데, 이 때문에 날씨나 풍향 등의 일기가 급변하게 된다.

영화 속에 등장하는 허리케인이나 우리나라에 여름철에 찾아오는 태풍 등은 모두 열대 저기압에 속한다. 즉 열대 저기압은 발생 위치에 따라 다른 이름으로 불리는데, 태풍, 허리케인, 윌리윌리, 사이클론 등의 이름으로 불린다. 영화 속 장면에서 알 수 있듯이 열대 저기압은 엄청난 바람과 비를 동반하는데, 최대 풍속이 17 m/s 이상일 경우를 열대 저기압으로 분류한다. 열대 저기압은 전선을 동반하지 않으며, 영화 속 위성사진에서와 같이 등압선이 조밀한 동심원 모양을 이룬다.

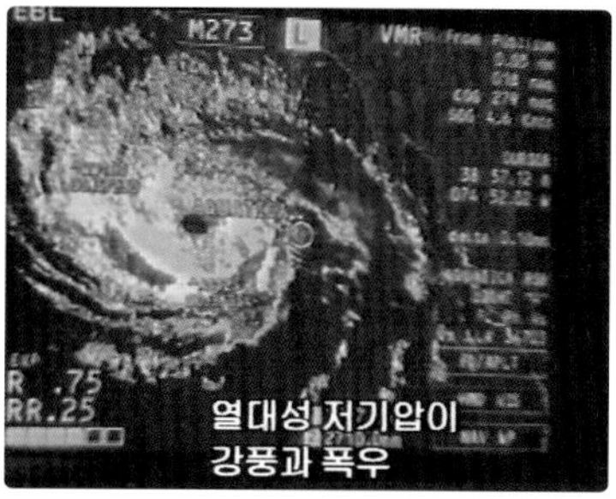

딥블루시 열대 저기압의 발생을 알려주는 위성사진.

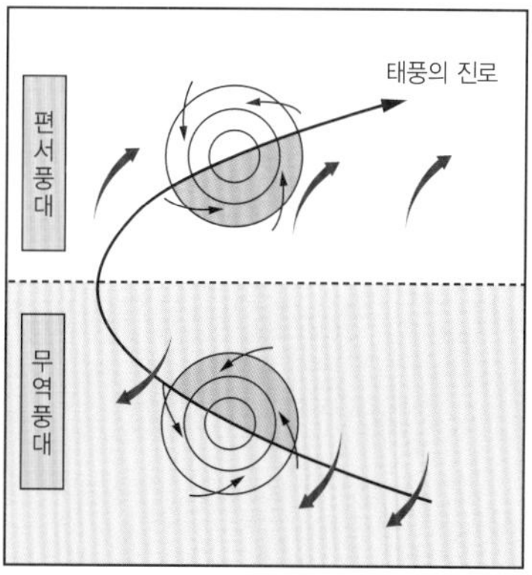

태풍의 진로
태풍은 대기 대순환의 영향으로 진행 경로가 포물선을 이룬다. 태풍의 진행 방향의 왼쪽 절반은 안전 반원, 오른쪽 절반은 위험 반원이라고 한다.

〈딥블루시〉에서도 태풍이 불어온다는 것을 위성사진을 통해서 확인하는 장면이 있는데, 허리케인이 전선을 동반하지 않고 중심을 향해 반시계 방향으로 소용돌이치는 모습을 볼 수 있다. 하지만 이와는 달리 온대 저기압은 전선을 동반한다. 열대 저기압은 열대의 따뜻한 바다에서 공급된 수증기의 응결로 인한 잠열에 의해 만들어지기 때문에 고위도의 차가운 바다로 이동하게 되면 수증기를 공급 받지 못해 세력이 약해지게 된다. 또한 육상으로 상륙하게 되면 수증기 공급이 중단된 상태에서 지면과의 마찰이 커지기 때문에 빠르게 소멸하는 것이다. 우리나라로 접근하는 태풍의 이동 경로를 보면 포물선 경로를 그리게 되는데, 이는 발생지역에서는 무역풍북서쪽과 편서풍북동쪽의 영향을 받기 때문이다.

일기 예보는 어떻게 이루어질까?

이들도 일기 예보가 틀린다고 싸우는 것일까?

업 클로즈 앤 퍼스널 이 영화는 시골의 한 여성이 최고의 앵커로 성공하는 이야기를 다루고 있다. 시골 출신의 신출내기 앵커인 샐리(미쉘 파이퍼 분)는 워렌(로버트 레드포드 분)의 주선으로 처음 맡은 일은 일기 예보를 하는 것이다. 그녀는 이 일을 재미있게 만들려다가 해프닝만 일으키게 되다. 그렇다면 실제 일기 예보는 어떤 과정을 거쳐 이루어지는 것일까?

고대 그리스에서는 배의 항해를 위해 바람을 관측하는 기상관측소가 있었으며, 아리스토텔레스는 그의 저서 『기상론*Meteorology*』을 통해 자연의 징후를 통해 기상예보를 할 수 있음을 주장했다. 우리 조상들의 일기 속담예를 들면, 제비가 낮게 날면 비가 온다.을 보면 경험을 통해 어느 정도 일기 변화를 예측하고 실생활에 적용했다는 것을 알 수 있다. 과학적인 일기 예보가 시작된 것은 기압계와 습도계가 발명되고 기상도를 그리기 시작한 18세기 이후부터이다. 하지만 당시의 일기 예보는 정보의 양이 대단히 적었기 때문에 정확도가 많이 낮았다. 오늘날에는 인공위성이나 각종 관측 기기를 통해서 기상 정보를 수집하고, 슈퍼컴퓨터를 통해 자료를 처리하여 일기 예보를 하기 때문에 예전에 비해서 정확도가 많이 높아졌다.

일기 예보는 자료의 수집에서부터 시작된다. 지방에 있는 여러 관측소와 위성관측 자료, 레이더 관측 자료 등의 자료를 중앙관측소에서 정리하여 일기도를 작성한다. 작성된 일기도와 현재의 일기를 분석하고 예상 일기도를 작성하고 일기 예보를 하게 된다. 일기 예보는 예보의 기간별로 단기예보, 중기예보주간예보, 장기예보 등으로 구분하며, 태풍이나 홍수 등에 의해 피해가 우려될 때는 기상특보를 발령하게 된다.

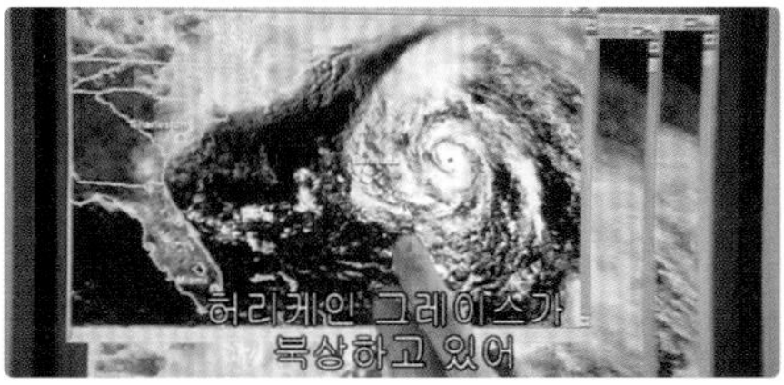

퍼펙트 스톰 영화 제목에서와 같이 엄청난 허리케인이 올라오고 있다는 것을 위성사진으로 확인하고 있다.

일기도를 작성할 때 등압선같은 기압을 연결한 곡선은 1,000 hPa을 기준으로 하여 4 hPa 간격으로 그린다. 등압선은 고기압과 저기압에서는 폐곡선을 이루게 그리며, 교차하거나 갈라지지 않게 그린다. 이렇게 그려진 등압선을 보면 일기도를 분석할 수 있다. 즉 일기도상에서 바람은 고기압에서 저기압으로 불며, 등압선 간격이 좁을수록 바람이 강하다. 또한 저기압이나 전선 부근에서는 날씨가 흐리다는 것을 알 수 있다.

3 해양의 변화

바다의 깊이는 어떻게 알아낼까?

잠수함은 발견하기도 어렵지만 잠수함 또한 적을 찾기 힘들다. 이는 밖을 볼 수 없기 때문인데, 그렇다면 바닥이나 암초에 충돌할 위험은 없을까?

U-571 독일의 잠수함 U보트에서 연합국의 배를 잡기 위해 조용히 소나를 듣고 있다. 밖을 볼 수 없는 상태에서 소나는 적선의 위치를 확인할 수 있는 유용한 수단이다. 그렇다면 소나를 이용해서 바다의 깊이를 측정할 수 있을까?

항해가 시작되었을 때부터 바다의 깊이를 측정하는 것은 매우 중요한 일이었다. 바다의 깊이를 잘 모르고 항해하다가는 암초에 부딪혀 배가 침몰할 수도 있기 때문이다. 따라서 연안에서 항해를 할 때 뱃사람들은 줄에 무거운 추를 단 측심연을 이용해 바다의 깊이를 측정했다. 하지만 측심연을 이용한 방법은 바다의 깊이가 얕은 연안에서 밖에 활용할 수 없었다. 깊은 바다의 경우에는 초음파를 이용한 음향 측심법을 이용한다. 초음파와 같은 파동은 물체에 부딪히게 되면 반사하는 성질이 있는데, 배에서 초음파를 발사해서 왕복시간을 측정하여 바다의 깊이를 측정하게 된다.

왜 딥코어는 대륙붕에 있을까?

왜 다들 대륙붕을 탐사하기 위해 이렇게 노력하는 것일까?

어비스 이 영화는 미핵잠수함 USS 몬타나가 바다 깊숙이 침몰되자 미해군이 딥코어와 함께 생존자 구조에 나서면서 겪게 되는 모험을 그린 영화이다. 딥코어는 강력한 리더십으로 대원들의 신망을 얻고 있는 버드(에드 해리스 분)가 이끄는 민간 석유 시추선이다. 이 시추선은 대륙붕에 있으며, 이후 버드는 핵폭탄 제거를 위해 대륙붕 끝의 골짜기 지역으로 내려간다. 이러한 해저 지형을 무엇이라고 하는가?

딥코어가 석유를 찾기 위해 탐사를 하는 장소는 대륙붕이라고 한다. 대륙붕은 육지와 인접한 평균 수심이 200 m 이하인 해저 지형을 말한다. 대륙붕은 경사가 완만하기 때문에 영화 속에서는 마치 평지인 듯이 보인다. 대륙붕은 해수면의 완만한 상승이나 하강으로 생기며, 빙하기 때는 수심이 얕아 일시적으로 육지가 되기도 했던 곳이다. 또한 육지와 가깝기 때문에 육지에서 운반된 많은 퇴적물이 쌓이는 곳으로 전체 해양 면적의 약 9 % 가량을 차지한다. 석유와 천연가스 등의 자원이 풍부한 곳이기 때문에 딥코어가 이곳에서 탐사를 벌이고 있는 것이다.

대륙붕의 끝은 대륙 사면으로 이어지는데, 이곳은 수심이 200~2,000 m로 경사가 급한 곳이다. 영화에서 마치 절벽처럼 보이는 곳은 해저협곡으로 육지의 퇴적물이 대륙붕에서 대륙대로 이동하면서 대륙 사면을 침식시켜 만든 지형이다.

잠수정은 왜 해구로 들어가는 것일까?

일본은 항상 지진이나 화산의 위험에 노출되어 있다. 그런데 이를 연구하기 위해 왜 깊은 바닷속으로 들어가는 것일까?

일본침몰 미국 지질학회는 태평양판이 맨틀 속으로 급속하게 끌려들어가 일본열도가 40년 안에 침몰하게 될 것이라는 주장을 한다. 이에 지질학자인 타도코로(토요카와 에츠시 분)는 박테리아에 의해 생긴 메탄가스가 윤활 작용을 해 태평양판의 이동 속도가 예측보다 빨라 일본이 338일 후 침몰하게 된다는 시뮬레이션 결과를 내놓는다. 그는 일본열도의 최후를 막기 위해 초강력 N2 폭탄으로 판과 일본열도를 분리하는 작전을 내놓고 이를 지휘한다. 일본의 마지막 희망을 싣고 잠수정은 해구를 향해 간다. 그렇다면 해구는 어떤 지형일까?

대륙 주변부와 심해저 평원 사이에 발달하는 수심 6,000 m 이상의 움푹 들어간 좁고 긴 지형을 해구海溝, trench라고 한다. 맨틀 대류가 상승하는 해령에서는 새로운 해양지각이 생성되고, 새롭게 생성된 해양지각은 맨틀 대류에 의해 대륙쪽으로 이동하게 된다. 맨틀 대류는 대륙 주변부에서 수렴하게 되고, 이때 해양지각은 대륙지각 아래로 끌려 들어 가게 된다. 즉 해구는 나이 많은 해양지각이 소멸되면서 생긴 지형이다. 따라서 해구는 대륙 주변부에 많고 대부분 태평양 연안부에 많다. 해구는 판이 소멸하면서 비스듬한 지진대를 만들어 내는데, 이를 베니오프대Benioff zone라고 한다. 베니오프대에서는 대륙 안쪽으로 들어갈수록 진원의 깊이가 깊어진다. 이와 같이 해구 주변에서는 지진과 함께 화산 활동이 활발하게 일어나기 때문에 일본에는 화산과 온천이 발달한 것이다. 영화 속에서 일본열도의 침몰을 막기 위해 내놓은 방법이 침강하는 해양지각에서 일본열도를 분리하는 것이었다. 물론 영화 속에서나 가능한 이야기이며, 아직까지 해구 아래의 해양지각을 깊이 시추하기는 어렵다.

마리너는 왜 오줌 대신 바닷물을 마시지 않을까?

바닷물을 마시는 것보다 자신의 오줌을 받아서 마시는 것이 더 맛있을까?

워터월드 마리너(케빈 코스트너 분)는 육지가 물속으로 잠긴 후에 떠돌아다니며 생활한다. 그는 배에서 자신의 오줌을 받아서 정수해서 마시는데, 왜 바닷물을 마시지는 않을까?

이 영화뿐 아니라 바다에서 조난당한 모든 사람들은 절대 바닷물을 마시지 않는다. 바닷물을 마시게 되면 오히려 갈증을 더 느끼게 되기 때문이다. 이는 바닷물 속에 여러 가지 염류가 녹아 있기 때문이다. 바닷물 1 kg당 포함된 염류의 양을 g수로 나타낸 것을 염분이라고 하는데, 전 세계 해수의 평균 염분은 35 ‰이다. 즉 1 kg의 바닷물을 증발시키면 35 g의 염류를 얻을 수 있다는 것이다바닷물 1 kg = 물 965 g + 염류 35 g. 평균 염분이라고 이야기한 이유는 바다마다 염분이 다르기 때문이다. 사해의 경우에는 200 ‰로 염분이 매우 높지만 발트해는 7 ‰ 정도로 염분이 매우 낮다. 염분이 차이 나는 이유는 강수량이나 증발량, 강물의 유입량과 해수의 결빙과 해빙 등에 영향을 받기 때문이다. 사해의 염분이 높은 이유도 바로 증발량이 강물 유입량과 강수량을 합한 것보다 많기 때문이다. 이와 같이 증발량이 강수량보다 많은 위도 30° 부근의 해역은 염분이 높게 나타난다. 하지만 비가 많이 내리는 적도 저압대나 위도 60° 부근은 염분이 낮게 나타난다. 염분은 바다에 따라 달라지지만 염분 사이의 성분 비율은 항상 일정하게 유지되는데, 이는 바닷물이 파도나 해류의 순환 등에 의해 잘 혼합되기 때문이다. 이를 염분비 일정의 법칙이라고 한다. 염분비 일정의 법칙은 19세기 영국 군함 첼린저 호가 세계의 77개 해역의 바닷물을 조사한 결과 알려지게 되었다. 염류 간의 비율이 일정하기 때문에 한 가지 성분의 양만 알면 다른 염분의 양도 알 수 있는데, 이를 크누센의 실험식이라고 부르며, S(‰)=1.80655×Cl(‰)으로 나타낸다. 해수에 가장 풍부하게 들어있는 염류는 염화나트륨NaCl이며, 염화마그네슘$MgCl_2$, 황산마그네슘$MgSO_4$ 순으로 포함되어 있다. 이것을 이온량이 많은 순으로 나타내면 염화이온Cl^-, 나트륨 이온Na^+, 황산이온SO_4^{2-} 등이 들어 있다.

파도는 어떻게 만들어지는 것일까?

아무리 둘러봐도 보이는 것은 바다밖에 없고 몰려오는 것이라고는 파도밖에 없다. 재미난 것은 멀리서는 없던 파도가 어떻게 알고 해안선에 이르면 나란하게 몰려온다는 것이다.

캐스트 어웨이 세상에서 가장 바쁜 사람인 척(톰 행크스 분)은 페덱스의 직원이다. 그런데 어느 날 급하게 회사 비행기를 타고 출장을 가다 추락해서 어느 섬으로 떠내려가고 만다. 조난당한 척은 이 섬을 살펴보기 위해 섬에서 제일 높은 곳에 올라간다. 올라가서 섬을 둘러보니 사람이라고는 없는 조그만 무인도. 무인도에서 바다를 살펴보면 먼 바다에는 파도가 없지만 해안가로 오면 갑자기 파도가 생긴다. 왜 그럴까?

수면의 주기적인 상하 운동을 파도wave라고 하며, 풍랑과 너울 그리고 연안쇄파가 여기에 속한다. 일반적으로 먼 바다에서 바람이 불면 파장과 주기가 짧은 풍랑이 발생하게 되고, 발생지로부터 전달되어 온 풍랑은 너울로 바뀌게 되며, 해안에 접근하게 되면 연안쇄파가 되어 화면에서와 같이 부서지는 파도가 된다. 깊은 바다에서는 수심이 파장보다 깊어1/2을 기준으로 한다 해수의 입자들은 원운동을 하게 되고 이러한 파를 심해파표면파라고 한다. 심해파는 해안가로 접근하면서 바다의 깊이가 얕아짐에 따라서 해수와 바닥의 마찰로 인해 더 이상 원운동을 할 수 없게 되며 이런 상태의 해파를 천해파장파라고 한다. 영화에서 먼 바다는 파도가 일지 않는 것처럼 보이는 것은 파도의 높이파고가 높지 않아서 해안에서 보면 잘 보이지 않기 때문이다. 이러한 해파가 해안으로 다가오면서 해파의 에너지가 한 곳으로 몰리게 되면 하얗게 파도가 부서지는 것처럼 보인다.

바닷속의 고속도로?

니모를 찾아서 전형적인 디즈니의 가족사랑과 환경 보호의 메시지가 돋보이는 영화. 아름다운 산호초 지역인 그레이트 배리어 리프에서 평화롭게 살고 있는 멀린은 상어의 습격으로 아내와 399개의 알을 잃어버리고 겨우 니모만 남게 된다. 하나뿐인 자식을 애지중지 키우던 멀린은 잠수부에게 잡혀간 니모를 찾아서 고향을 떠나 머나먼 모험을 떠난다. 이 모험의 과정 중에 그는 거북이 떼를 만나 함께 해류 속에서 마치 무빙워크를 타고 가듯 이동하게 된다. 그렇다면 멀린 일행이 타고 이동한 해류는 어떤 것일까?

바닷속에도 과연 고속도로가 있을까? 니모를 찾아 나선 아빠 물고기 멀린은 거북이 떼와 함께 바다의 해류를 이용해 이동한다.

니모가 잡혀간 시드니는 멀린과 니모가 살고 있는 그레이트배리어리프Great Barrier Reef에서 수백 킬로미터 이상 떨어진 먼 곳이다. 멀린은 사랑하는 자식을 구하기 위해 먼 거리도 마다 않고 모험을 떠난다. 도중에 멀린은 해류를 타고 이동 중인 거북이 떼를 만나는데, 마치 거북이들은 해류를 신속하게 이동할 수 있는 교통수단인 듯이 이용하고 있었다. 그들이 이용한 것은 동오스트레일리아 해류EAC, East Australian Current이다. 물론 영화 속에서 해류의 모습에는 과장이 있다. 영화 속에서는 해류가 수십 미터 정도의 고속으로 흐르는 물의 흐름으로 묘사하고 있지만, 실제 해류는 폭이 수 킬로미터 이상이다. 또한 해류의 이동 속도도 1 m/s 정도로 실제로 물고기들의 이동 속도에 비하면 느린 편이다.

해류는 저위도의 남는 에너지를 고위도로 수송하여 지구의 에너지 순환에 중요한 역할을 한다. 즉 해류가 에너지를 순환시키지 않는다면 저위도는 더욱 더워지고 고위도는 기온이 떨어져 더욱 추워지게 될 것이다. 대부분의 해류는 바람에 의해 발생하기 때문에 해류는 바람의 방향과 밀접한 관계를 가진다. 이와 같이 바람이 일정한 방향으로 불 때 바람의 영향으로 생긴 해류를 취송류라고 부른다. 북적도 해류와 남적도 해류가 바로 취송류에 속한다. 표층해류를 단순화해 보면 북반구에 시계 방향의 커다란 해류의 고리가 생기고, 남반구에 반시계 방향의 해류 고리가 생기는 것으로 생각할 수 있다.

심층 해류에 의해 빙하기가 온다?

투모로우 이 영화는 지구 온난화 현상에 의해 지구가 더워지는 것이 아니라 오히려 빙하기가 찾아올

할리우드 영화에서 재미있는 사실은 꼭 중요한 과학적 이론을 알고 있는 과학자는 한 사람밖에 없다는 것이다. 심층 해류에 의해 지구의 기온이 내려갈 수 있다는 사실은 이미 잘 알려진 사실인데, 여기서는 홀 박사밖에 모르는 것 같다.

수 있다고 주장한다. 온난화에 의해 심층 해류의 흐름에 이상이 생겨 기후가 급변하게 된다는 것이다. 그렇다면 심층 해류는 어떤 것일까?

남극에서 빙하를 시추하여 기후를 연구하던 잭 홀 박사데니스 퀘이드 분는 거대한 빙붕이 붕괴되는 것을 보고 기후 변화를 예감한다. 그는 지구 온난화로 인해 빙하가 녹고, 해류의 흐름을 바뀌어 빙하기가 닥칠 것이라고 정치인들에게 경고를 한다. 하지만 미국의 부통령은 이러한 경고를 무시하고 결국 미국을 비롯한 세계는 큰 재난을 맞게 된다. 그런데 온난화에 의해 빙하기가 올 수 있다는 아이러니한 주장이 과연 근거가 있는 것일까?

앞에서 설명했듯이 해류는 지구의 열에너지 순환에 매우 중요한 역할을 한다. 해류는 바람에 의해서도 발생하지만 수온과 염분의 변화에 의해 밀도차가 생겨 발생하는 밀도류도 있다. 이러한 밀도 차이에 의해 해양 대순환이 일어나게 된다. 즉 적도에서 발생한 수온이 높은 멕시코 만류와 같은 난류가 극지방으로 이동하여 온도가 낮아지면 밀도가 높아져 바다 밑으로 가라앉아 심층류가 된다. 이 심층류가 북대서양과 태평양을 지나 다시 상승하여 멕시코 만류가 되어 거대한 순환이 되는 것이다. 이러한 순환과정에서 엄청난 열에너지의 이동이 동시에 일어난다. 그런데 영화에서는 온도가 올라가 해수의 결빙이 일어나지 않아 극지방의 해류의 흐름이 느려지고 결국 해양 대순환이 느려져 에너지의 순환에 문제가 생겨 극지방의 찬 공기가 미국을 엄습해와 뉴욕이 얼어 버리게 된 것으로 묘사하고 있다. 물론 일주일 만에 미국이 온통 얼어 버리는 것에 과장이 있기는 하지만 과학자들은 이러한 시나리오가 전혀 불가능한 것은 아니라고 말한다. 따라서 해양 대순환에 치명적인 문제가 생기기 전에 대비를 해야 한다는 것이다.

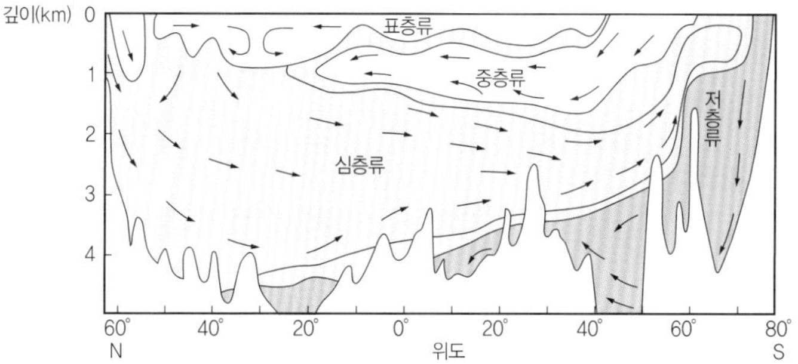

밀도류의 이동. 밀도류는 전체 해수의 90 %를 차지하며, 중층류 · 심층류 · 저층류가 있다.

해안 지형

바이센테니얼맨 이 영화에서 재미있는 것은 주인공 앤드류는 로봇이기에 늙지 않지만 사람들은 순식간에 늙어 간다는 것이다. 앤드류에게는 시간이 크게 중요하게 느껴지지 않지만, 사람들은 그렇지 않다. 12년 후 앤드류는 성인이 된 꼬마 아가씨의 아이들과 함께 바닷가로 놀러 왔다. 그들이 놀고 있는 해안가에는 절벽이 멋지게 버티고 있다. 그렇다면 이러한 지형은 어떻게 생기는 것일까?

바닷가에 가면 절벽으로 이루어진 지형을 종종 볼 수 있다. 이러한 지형은 어떻게 만들어질까?

파도에 의해 지속적인 침식 작용을 받게 되면 해식 동굴이 생긴다. 해식 동굴이 생긴 후에도 지속적인 침식을 받게 되면 동굴의 윗부분이 무너져 내리게 되는데 이렇게 해서 생긴 지형이 해안 절벽이다. 즉, 파도와 중력의 합작품이 바로 해안 절벽인 것이다. 이렇게 육지 쪽에는 해안 절벽이 생기고 해안 절벽 아래까지 깎여 생긴 평평한 대지를 해식 대지라고 한다. 만약, 이러한 해안 절벽이 융기를 하게 되고, 다시 침식을 받게 되면 계단형 지형인 해안 단구가 생기게 된다. 이렇게 해안선에서 튀어나온 곳을 곶이라고 하며 파도의 에너지가 집중되어 침식을 받게 된다. 또한 모래사장이 펼쳐진 안으로 쑥 들어온 부분은 만이라고 하여, 모래의 퇴적이 일어나서 모래사장을 이루게 된다. 즉, 하나의 해안임에도 한쪽은 침식작용을 받아서 해안 절벽이 형성이 되고, 다른 쪽은 퇴적 작용에 의해 모래 해변이 된다.

3 신비한 우주

천체의 관측 * 태양계 탐사 * 우주

1 천체의 관측

천체를 관측하는 데 필요한 도구

천체 관측반에서 하늘은 안 보고 여자 친구와 장난치는 녀석에게 행운이 찾아온다. 혜성을 발견해 자신의 이름을 남기고 대피할 인원으로 선발도 되는 것이다.

딥임팩트 레오 비더만(일라이저 우드 분)은 여자 친구 사라 하츠너(리리 소비에스키 분)와 친해지기 위해 천체 관측반에 가입하고 수업을 듣게 된다. 천체관측은 야간에 할 수 있기 때문에 학생들은 밤에 망원경을 설치하고 수업을 듣고 있지만, 비더만은 관측보다는 사라와의 대화에 더 관심이 있는 듯이 보인다. 이에 관측반 교사가 비더만에게 무엇을 관측하고 있는지 질문하고 있다. 이때 비더만의 망원경과 사라의 망원경을 보면 모양에 차이가 있는데, 망원경의 종류에는 어떤 것이 있을까?

천체를 관측하는 데 사용되는 망원경을 천체 망원경이라고 한다. 천체 망원경은 관측하는 파장에 따라 광학 망원경, 전파 망원경, 적외선 망원경, 자외선 망원경, 엑스선 망원경, 감마선 망원경 등으로 나눈다. 또한 망원경의 설치 장소에 따라 지상 망원경과 우주망원경으로 구분하기도 한다. 영화 속 관측반 학생들의 망원경은 광학 망원경이며, 〈콘택트〉에서 엘리조지 포스터 분가 우주에서의 신호를 찾기 위해 사용하는 것은 전파 망원경이다.

콘택트 엘리 뒤쪽의 커다란 접시 모양의 기기들이 전파 망원경이다. 전파는 가시광선에 비해 파장이 길기 때문에 표면이 거울처럼 매끄럽지 않아도 된다.

광학 망원경은 빛을 모으는 방식에 따라 볼록렌즈를 사용하는 굴절 망원경과 오목거울을 사용하는 반사 망원경으로 나눌 수 있다. 갈릴레이가 처음으로 만든 망원경이 바로 굴절 망원경이며, 그는 접안렌즈로 오목렌즈를 사용했다. 갈릴레이식 굴절 망원경은 정립상으로 보이지만 시야가 좁고 배율이 낮아서 현재는 오페라글라스에 사용되고 천체 망원경으로는 잘 사용되지 않는다. 케플러식 굴절 망원경은 접안렌즈로 볼록렌즈를 사용하기 때문에 도립상으로 보이지만 시야가 넓어 오늘날 대부분의 굴절 망원경

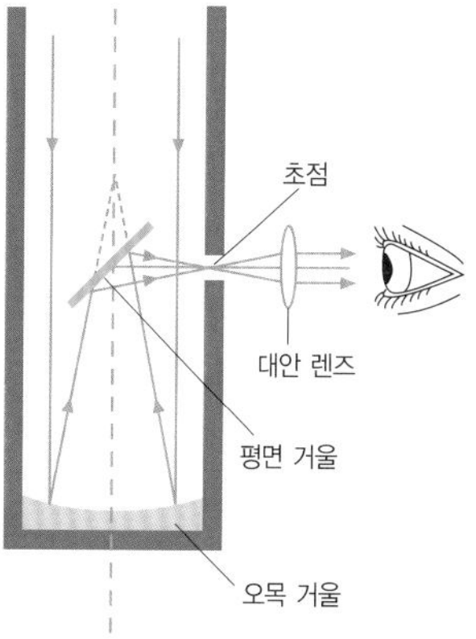

뉴턴식 망원경의 원리. 빛을 모으는 데 렌즈 대신 거울을 사용한다.

은 케플러식으로 만들어진다. 굴절망원경은 고배율 관측에 유리하기 때문에 행성이나 달 관측에 사용된다. 하지만 볼록렌즈를 사용하기 때문에 색이 번져 보이는 색수차빛이 렌즈를 통과할 때 파장에 따라 굴절률이 달라서 생기는 현상가 발생하는 단점이 있다. 반사 망원경은 주경에서 반사된 빛을 부경으로 빛의 방향을 바꾸어 관측하는 구조로 되어 있다. 영화 속에서 비더만이 보고 있는 망원경은 뉴턴식 망원경으로 부경이 평면 거울이며 접안렌즈가 경통에 수직으로 붙어 있다. 카세그레인식은 부경으로 볼록거울을 사용하며, 접안렌즈가 주경의 뒤쪽에 붙어 있다. 부경으로 볼록거울을 사용하게 되면 경통의 길이를 줄일 수 있어 천문대에서 사용하는 대부분의 망원경은 바로 카세그레인식 망원경이다. 반사 망원경의 오목거울은 한쪽 면만 연마하면 되기 때문에 일반적으로 굴절 망원경보다 반사 망원경의 값이 더 저렴하다.

전파 망원경은 가시광선이 아니라 전파 영역을 관측하는 것이기 때문에 낮에도 관측이 가능하다. 멀리 떨어진 천체의 신호도 관측이 가능하기 때문에 엘리가 외계인으로부터 송신되는 신호를 찾기 위해 전파 망원경을 사용하는 것이다.

정말로 이상한 망원경

배트맨 4: 배트맨과 로빈 배트맨은 프리즈를 유인하기 위해 고담시에 거대한 망원경을 기증하는 행사를 가진다. 이 망원경 기증행사에서 아나운서는 이런 이야기를 한다. "이 망원경으로 지구의 모든 곳을 볼 수 있나요?" 천체 망원경이 지구를 관측하는 장비인가? 이런 사람이 아나운서라니 정말 어처구니가 없다. 그리고 이 망원경은 지구 주위의 위성으로부터 빛을 받아 관측하도록 설계되어 있다. 이렇게 작동하는 망원경의 성능은? 또한 얼어 있는 고담시를 녹이기 위해 빛을 반사시키고 있는 장면에서 무엇이 이상할까?

배트맨에서는 항상 이해할 수 없는 일이 많이 벌어지는데, 우주에 있는 위성이 빛을 모아 망원경으로 보내준다는 것이다. 설정은 그럴듯해 보이지만 우주에서 직접 관측하는 것이 빛을 보내주는 것 보다 훨씬 효율적이다.

허블우주망원경Hubble space telescope, HST은 미국 항공우주국NASA과 유럽우주국ESA이 주축이 되어 개발하였으며, 1990년 4월 24일 우주왕복선 디스커버리Discovery 호에 의해 대기의 영향이 없는 우주 공간에서의 천체관측을 목적으로 지상 610 km의 지구 선회궤도에 올려진 구경 90인치2.4 m의 우주망원경이다. 이렇게 망원경을 지상에 설치하지 않고 막대한 예산30억 불을 들여 우주로 쏘아 올린 것은 그만큼 우주가 관측 조건이 지상보다 좋기 때문이다. 허블망원경은 우주에서 빛을 반사하여 지상으로 보내는 것이 아니라 관측 자료를 지상으로 보내는 것이다. 빛을 반사시켜 지상으로 보낸다면 지상에서 관측한 것보다 못할 것이다. 왜냐하면 반사하면 어차피 대기권을 지나야 하는 데다가 지상에는 허블망원경보다 훨씬 더 큰 구경의 망원경들이 있기 때문이다. 영화에서와 같이 빛을 받아 관찰한다는 것은 바보 같은 짓이다.

영화에서 고담시를 녹이기 위해 위성을 통해 빛을 반사시키고 있다. 빛을 반사시킬 때는 한 번이라도 적게 반사시키는 것이 좋다. 아무리 좋은 반사경이라도 완전히 반사되지는 않기 때문이다. 그런데, 영화에서 보면 옆의 위성에 일부 반사하고 고담시에 반사시키고 있다. 이렇게 여러 번 거쳐서 반사한다고 빛의 양이 늘어나는 것이 아니기에 이렇게 반사시킬 필요가 없다.

태양은 정말로 어떻게 생겼을까?

태양계의 유일한 항성 태양. 태양은 그 불타오르는 정열(?)로 인해 지구인에게는 가까이 하기에는 너무나 먼 당신이다.

선샤인 2057년 태양이 죽어감에 따라 인류의 생존에 치명적인 위기가 다가온다. 인류를 구원하는 임무를 가진 이카루스 1호가 핵폭탄을 싣고 태양으로 떠났지만 실종되고 만다. 이에 8명의 대원과 함께 이카루스 2호가 태양으로 향한다. 이 영화는 화려한 특수효과를 보여주는 SF영화가 아닌 스릴러에 가까운 영화이다. 우주선이 태양에 점점 다가가면서 태양이 점점 크게 보인다. 또한 태양에 다가갈수록 우주선에서는 엄청난 열 때문에 차단막 없이는 직접 쳐다보기도 어렵다. 그렇다면 태양은 어떤 천체일까?

태양은 태양계에서 유일한 항성으로 수소, 헬륨 등의 가벼운 기체로 이루어져 있다. 반지름은 약 70만 km이며, 질량은 2×10^{33} kg의 거대한 천체이다. 태양에서 오는 빛을 쬐면 따뜻한 데서 알 수 있듯이 태양은 표면 온도가 6,000K이며, 중심부 온도는 약 1,600만 K에 이르는 고온의 천체이다. 이 때문에 태양으로 다가가는 우주선에서 차단막이 없이는 우주선 내부의 승무원들이 뜨거워하는 것이다. 서지클리프 커티스 분가 우주선에서 직접 태양을 쳐다볼 때 선글라스를 끼고 보는 것과 같이 태양을 볼 때는 태양 필터를 장착한 망원경으로 관측을 해야 한다. 하지만 장시간 관측을 할 경우 필터가 손상되면 실명할 위험이 있기 때문에 직접 관측하는 방법 보다는 태양의 상을 접안렌즈에 투영시켜 보는 투영법이 안전하다.

우주선이 태양에 가까이 접근하자 태양이 점점 크게 보인다. 이는 천체까지의 거리와 천체의 시직경의 크기가 반비례하기 때문에 나타나는 현상이다. 이러한 성질을 이용하면 우주선의 현재의 위치도 추정해 볼 수 있다. 또한 우주선의 위치를 알고 있으면 태양의 크기를 알 수도 있다.

선샤인 태양에서 주변보다 온도가 낮아 어둡게 보이는 곳이 흑점이다.

우주선이 태양에 점점 접근하자 태양은 단순히 밝게 빛나는 전구와 같은 모양이라기보다는 매우 활발하게 활동하는 '살아 있는' 천체라는 것을 알 수 있다. 우리가 태양을 볼 때 눈으로 관측 가능한 태양의 표면을 광구라고 한다. 광구는 두께가 약 500 km의 얇은 가스층으로 쌀알 무늬와 흑점이 나타난다. 쌀알 무늬는 태양 표면을 확대해서 보면 마치 쌀알과 같은 작은 알갱이를 뿌려 놓은 듯이 보이는 무늬를 말한다. 쌀알이라고 표현했지만 이 쌀알은 한 개의 직경이 무려 1,000 km나 된다. 쌀알 무늬는 냄비에서 국을 끓일 때 국물이 올라갔다 내려갔다 하면서 여러 구역으로 나누어지듯이, 태양의 가스층을 이루고 있는 기체가 열대류를 하면서 만들어 낸다. 열대류는 광구 아래의 대류층에서 일어나며, 이때 온도가 높아 가스가 상승하는 곳은 밝게 보이고, 하강하는 곳은 어둡게 보인다. 상승과 하강하는 곳이 일정하지 않기 때문에 쌀알 무늬는 계속 변하게 되는 것이다. 흑점은 주변부보다 온도가 2,000K 낮은 4,000K이다. 흑점은 자기장에 의해 태양의 열대류가 방해 받는 곳에 생긴다. 즉 흑점이 있는 곳은 다른 곳보다 자기장이 강한 곳이라 할 수 있다. 흑점도 자세히 보면 중심부의 더 어두운 곳인 암부와 그 주변의 덜 어두운 곳인 반암부로 구성되어 있다는 것을 알 수 있다. 흑점의 수는 약 11년을 주기로 변하며, 수명은 짧은 것은 몇 시간 만에 소멸하는 것도 있지만 긴 것은 몇 개월까지 지속된다. 흑점은 태양 표면에 고정된 지점이지만 이를 관측해 보면 서에서 동으로 이동하는 것을 볼 수 있는데, 이는 태양이 자전하기 때문에 나타나는 현상이다.

우주선이 태양에 접근하자 태양 표면에서 거대한 불기둥이 솟아오르는 것을 볼 수 있는데, 이것을 홍염Prominence이라고 한다. 홍염은 채층을 뚫고 솟아오르는 지름이 수십만 킬로미터에 달하는 거대한 불꽃이다. 홍염은 고리 모양이 많지만 때에 따라서는 마치 용이 승천하는 듯이 솟아오르기도 한다. 광구 바로 위쪽의 두께 약 10,000 km의 붉은색 대기층은 채층Chromo sphere이다. 일식 때 달에 의해 광구가 가려지면 붉게 보이기 때문에 이러한 이름이 붙여졌다. 채층의 아래쪽 온도는 4,500K로 광구보다 낮지만 고도가 높아질수록 온도가 높아져 10,000K에 이르는 곳도 있다. 채층에는 톱니처럼 뾰족하게 나온 곳도 있는데 이것을 스피큘이라 부르며 고온의 가스가 솟구쳐 생긴 것이다. 흑점

주변의 채층이 일시적으로 밝아지는 채층폭발 현상을 플레어Flare라고 부르며, 흑점의 활동이 활발해질 때 많이 나타난다. 플레어가 생기면 X선, 자외선, 양성자와 같은 하전 입자가 다량 방출된다. 이러한 하전 입자의 흐름에 의해 지구에서는 전파 통신 장애델린저 현상가 나타나며, 오로라 등이 많이 관측된다. 채층 위의 진주빛 가스층을 코로나Corona라고 하는데, 태양 지름의 몇 배의 크기에 해당한다. 태양 표면의 온도는 6,000K이지만 코로나는 무려 100만 K나 된다.

핵폭탄으로 태양을 살리자!

태양을 살리기 위해 태양을 향해 날아가는 모습이 마치 불을 향해 뛰어드는 불나방 처럼 보인다.

선샤인 태양을 살리기 위한 이카루스 1호의 임무가 실패하자 이카루스 2호가 또다시 태양을 향해 날아간다. 이 과정에서 대원들이 하나둘씩 사라지기 시작한다. 그러나 결국 태양에서 핵폭탄을 터뜨려 태양을 살려내게 된다. 그렇다면 영화 속에서 주장하는 것과 같이 태양도 일생이 있는 것일까?

영화 속에서 이야기하는 태양의 죽음은 태양의 빛이 약해지고 있다는 뜻이다. 인간을 비롯한 지구에 있는 대부분의 생명체는 태양의 빛을 기반으로 생명을 유지하고 있기 때문에 태양이 죽어 간다는 것은 곧 수많은 생명의 멸종을 의미하는 것이다. 그렇다면 태양과 같은 별의 일생은 어떻게 되는 것일까?

별은 가스와 티끌이 밀집된 성운으로부터 태어난다. 즉 성운은 지금도 새로운 별들이 태어나는 별들의 고향인 셈이다. 성운 중 밀도가 크고, 온도가 낮은 곳에서는 자체 중력에 의해 수축하기 시작하여 중심으로 가스와 티끌이 모여든다. 중력에 의해 수축되기 시작하면서 밀도가 높아지면 온도가 상승하게 된다. 온도가 상승하여 중심부의 온도가 1,000K에 이르면 가시광선 영역의 복사가 시작된다. 즉 쉽게 이야기하면 이때부터 별을 볼 수 있는 것이다. 원시별이 계속 수축하여 중심핵의 온도가 1,000만 K 이상이 되면 드디어 수소 핵융합 반응이 일어나 빛을 내는 주계열성의 별이 된다. 주계열성의 별은 내부에서는 밀도와 온도가 높아지면서 별의 표면을 향한 팽창 압력이 작용하게 되고, 이러한 힘과 중력이 평형을 이루어 안정된 상태를 유지하면서 별은 수축을 멈추게 된다. 하지만 태양에 비해 질량이 아주 작은 별은 중심부가 핵융합에 필요한 온도까지 올라가지 않기 때문에 주계열성으로 진화하지 못하고 갈색 왜성이 된다. 태양과 비슷하거나 질량이 큰 별은 주계열성으로 진화하여 일생의 80~90 %인 약 100억 년 정도의 시간을 이 상태로 보내게 된다. 이러한 별의 수명은 질량에 의해 결정되는데, 질량이 클수록 수명은 짧아진다.

실제 태양이 연료를 모두 태우고 나면 적색 거성으로 변하게 된다. 즉 태양의 표면 온도는 내려가지만 엄청나게 거대하게 팽창하여 밝기는 증가한다. 이때가 되면 지상의 모든 물은 증발하고 지구는 온도가 높아 어떤 생물도 살아갈 수 없는 상태가 되기 때문에 핵폭탄을 싣고 태양으로 갈 필요도 없게 될 것이다.

복숭아 이름 황도?

아마겟돈 소행성으로 날아가던 우주선이 우주 정거장에서 연료를 공급 받다가 사고로 우주 정거장이 부서진다. 연료를 보급 받은 두 대의 우주선은 다시 달을 향해 날아간다. 달에 가까워지자 조종사는 황도에 접근하고 있다고 말한다. 그리고 우주선은 달 궤도에 진입하게 된다. 그런데 여기서 조종사가 이야기한 황도는 무엇일까?

글로벌 킬러(지구를 향해 날아오는 소행성)를 막기 위해 두 대의 우주선이 달을 돌아 소행성으로 가고 있다.

밤하늘을 쳐다보면 하늘의 별들은 입체로 보이는 것이 아니라 거대한 반구에 박혀 있는 듯이 보인다. 이렇게 지구에 있는 관측자의 입장에서 지구의 구면을 확장시켜 놓은 가상적인 구를 천구라고 한다. 천구는 천체의 운동을 기술하기 위해 고안한 것으로, 관측자지구인의 입장에서 천체의 운동을 설명하기 때문에 천구의 중심에는 당연히 지구가 있다. 천구에도 지구의 자전축을 연장시켜 만나는 점인 천구의 북극과 남극이 있고, 지구의 적도를 연장시켜 놓은 천구의 적도가 있다. 천구의 북극과 남극, 적도가 관측자에 상관없이 일정한 점인 데 반해서, 관측자의 위치에 따라 달라지는 점도 있다. 관측자의 머리 위쪽으로 수직으로 연결하여 천구와 만나는 점을 천정, 발 아래쪽으로 만나는 점을 천저라고 한다. 관측자의 지평면을 확장하여 천구와 만나는 대원을 천구의 지평선이라고 하는데, 관측자의 지평면은 지역에 따라 다르기 때문에 천구의 지평선도 관측자의 위치에 따라 달라진다.

태양을 비롯한 천구상의 모든 천체들은 천구상을 따라 운동을 하게 되는데, 이는 지구가 공전하기 때문에 나타나는 현상이다. 즉 태양이 천구상을 1년에 한 바퀴씩 시운동하게 되는 이유는 지구가 태양 주위를 공전하기 때문에 나타나는 현상이다. 이때 태양이 1년을 주기로 천체 사이를 지나간 궤도를 황도ecliptic라고 하는데, 황도는 실제로는 지구가 천구상을 지나간 경로인 것이다. 지구뿐 아니라 태양계 행성들의 공전 궤도면이 거의 비슷하기 때문에 태양뿐 아니라 행성들도 황도 근처에서 찾을 수 있다. 황도 근처의 12개의 별자리를 황도 12궁이라 부르며 고대로부터 점성술 등에 많이 사용되었다. 황도는 천구의 적도와 23.5° 기울어져 있는데, 이는 지구의 자전축이 기울어져 있기 때문이다. 따라서 태양은 적도를 기준으로 북쪽으로 23.5° 북회귀선와 남쪽으로 23.5° 남회귀선 사이를 왕복하게 된다. 황도가 적도면과 기울어져 있기 때문에 황도와 적도면은 두 지점에서 만나게 되며, 이때를 춘분3월 21~22일경과 추분9월 23일경이라고 한다. 또한 태양이 춘분점을 지나 고도가 가장 높은 지점을 하지6월 21일 경라 하고, 추분점을 지나 가장 낮은 지점을 동지12월 22일 경라 한다. 따라서 황도상의 특별한 지점은 모두 네 개가 되는 것이다.

달의 위상

아폴로 13 지구에서 달을 보면 달의 모양이 때에 따라 초승달, 상현달, 하현달, 보름

달에서 보는 지구의 모습. 이러한 모습을 본 사람은 선택 받은 몇 사람밖에 없었다.

달 등으로 달리 보인다. 만약 달에서 본다면 지구는 어떻게 보일 것인가? 앞의 사진처럼 보일 것이다. 즉, 지구도 때에 따라서 여러 가지 모양으로 보일 수 있다는 이야기다. 아폴로 13호의 우주인들이 달에서(달에 착륙은 못했지만) 앞의 사진과 같은 지구를 보았다면 지구에서는 달이 어떤 모양으로 보이겠는가?

달은 삭에서 초승달을 지나 상현달, 망, 하현달, 그믐달, 삭으로 모양이 계속 변한다. 이것을 달의 위상 변화라고 하는데, 이는 달이 지구 주위를 공전하기 때문에 달과 지구, 태양의 상대적 위치가 변하면서 나타나는 현상이다. 즉 지구-달-태양 순으로 위치하게 되면 달이 태양과 같은 쪽에 있기 때문에 달은 보이지 않게 되며, 이때를 삭이라고 한다. 일식은 삭의 위치에서만 일어나는데, 〈슈퍼맨 4〉에서 슈퍼맨이 달을 움직여 인위적으로 일식을 만들 때도 달을 삭의 위치로 이동시켜서 만든 것이다 물론 달을 인위적으로 움직인다는 것이 불가능하겠지만 슈퍼맨이니까 모든 일을 할 수 있다고 가정하자. 삭에서 3일이 지나면 태양이 지고 난 다음 서쪽 하늘에서 초승달을 잠시 볼 있다. 잠시밖에 볼 수 없는 이유는 낮에는 태양과 함께 떠 있게 되는데, 이때는 태양 빛이 밝아서 달을 볼 수 없기 때문이다. 태양이 지평선 아래로 지고 난 뒤 달도 태양을 뒤따라 잠시 후 지게 되는데, 그때 보이는 달이 바로 초승달인 것이다. 초승달에서 약 4일이 지나면 오른쪽 반달인 상현달이 초저녁

슈퍼맨 4 아무리 최강의 적을 막아야 한다지만 달을 움직여 태양을 가릴 수 있는 것은 슈퍼맨밖에 없을 것이다.

에 남중하게 된다남중이라는 것은 어떤 천체가 가장 높은 고도에 왔을 때 또는 정남쪽에 왔을 때를 말한다. 초저녁에 남중하는 상현달은 자정이 되면 진다. 상현에서 다시 7일 정도 지나면 월령이 15일이 되고, 이때 달을 보름달이라고 한다. 보름달은 달–지구–태양의 위치일 때 볼 수 있다. 보름달은 초저녁에 떠서 자정에 남중하며, 새벽이 되어 지기 때문에 밤새도록 볼 수 있는 것이다. 월식은 보름일 때만 볼 수 있는데, 이 위치라야 태양 빛이 지구에 의해 가려지기 때문이다. 보름에서 7일 정도 지나면 왼쪽 반달인 하현달이 뜨는데, 자정에 떠서 새벽이 되면 진다. 이때는 달이 지고 태양이 뜨게 되는 것이다. 하현에서 7일이 지나면 다시 달은 삭의 위치로 오게 된다. 천구상에서 태양이 움직여 가는 길을 황도ecliptic라고 하고, 달이 그리는 공전 궤도를 백도moon's path라고 한다. 백도는 황도와 약 5.9°의 경사를 이루고 있어, 매번 삭과 망의 위치에서 일식과 월식이 일어나지 않는 것이다.

달이 지구 주위를 공전하여 원래의 위치로 돌아오는 데는 27.32일이 걸린다. 즉 달은 백도 위를 하루에 13.2°씩 움직여 일주하는 데 27.32일이 걸린다. 하지만 삭에서 다시 삭이 되는데 걸리는 시간인 삭망월은 이보다 2.21일이 긴 29.53일이다. 이러한 차이가 생기는 이유는 달이 지구 주위를 공전하는 동안 지구도 태양 주위를 공전하기 때문이다. 즉 달이 한 바퀴 공전해서 원래의 위치에 오더라도 지구가 27.32일만큼 태양 주위를 공전했기 때문에 달도 이만큼 더 움직여야 삭의 위치에 오게 된다.

영화 속에서 관측자는 달에 있다물론 그들은 실제로 달에 착륙하지는 못했다. 이때 태양이 지구의 왼쪽에 있어 지구가 하현달달은 아니지만의 모습으로 보이고 있다. 따라서 이때 지구에 있는 관측자의 눈에 태양은 달의 오른쪽에 위치하게 되며, 상현달을 볼 수 있을 것이다.

청명도

달의 그림자 속으로 숨게 되면 공기가 없는 달에서는 지구에서보다 훨씬 많은 별을 볼 수 있게 된다.

아폴로 13 마지막으로 우주선에 탑승한 잭(케빈 베이컨 분)이 인터뷰에서 이런 말을 한다. "달의 그림자 속에 들어가면 달은 지구와 태양 사이에 오게 되고, (지구의) 어떤 청명한 날에 보는 별보다 밝은 빛을 발하는 별을 볼 수 있습니다." 이 말은 지구보다 달에서 별을 관찰하기 좋다는 이야기인데, 왜 그럴까?

널리 잘 알려진 팔로마산 천문대에는 5 m 반사경이, 최근에 건설된 켁망원경에는 10 m짜리 반사경이 설치되어 있다. 하지만 이러한 망원경들도 2.5 m의 반사경을 가진 허블우주망원경에 비하면 해상도나 감도가 떨어진다. 이는 결코 허블우주망원경의 성능이 우수해서가 아니라 지상보다 관측 조건이 월등히 좋기 때문이다. 우주 공간과 지상이 어떠한 점에서 차이가 날까? 지구의 대기는 우주로부터 오는 유해한 우주선으로부터 우리의 생명을 보호해 주는 소중한 방패임에도 불구하고 우주를 관측하는 데는 매우 방해가 되는 존재이다. 즉, 지구 대기 상층부의 난류층에 의해 빛이 굴절이 되어 상이 일그러져 분해능이 매우 떨어지기 때문이다. 이는 흐르는 물속이나 아지랑이가 피어나는 곳에서는 선명한 상을 맺을 수가 없는 것과 같은 이치다. 이렇게 지상의 천체관측에서는 대기의 상태가 매우 중요하며, 이러한 대기의 상태를 시상seeing이라고 한다. 또한 지구 대기 중의 기체 분자와 먼지는 빛을 산란시키기 때문에 지상에 도달하는 빛의 양은 그만큼 줄어들게 된다. 그래서 "(지구의) 어떤 청명한 날에 보는 별보다 밝은 빛을 발하는 별을 볼 수 있습니다."라는 말을 하는 것이다.

지구의 대기는 푸른 하늘과 아름다운 저녁놀을 선물하며, 자외선과 같이 우주에서 날아오는 해로운 광선을 막아주는 소중한 존재이다. 하지만 이러한 혜택이 우주를 관측하는 데는 오히려 방해물로 작용한다. 즉 가시광선은 대기를 뚫고 지상에 도달하게 되지만 자외선과 적외선의 상당 부분은 대기에 의해 흡수되어 지상에 도달하지 못한다. 따라서 자외선과 적외선으로 우주를 관측하기 어렵게 되는 것이다. 우주망원경의 경우 이렇게 대기에 의해 차단되기 이전의 빛을 감지할 수 있어 우주의 비밀을 푸는 데 많은 도움을 주는 것이다.

태양은 핵폭탄?

슈퍼맨 4 악당 렉스 루더(진 해크만 분)는 항상 실패하는데도 불구하고 어쨌건 슈퍼맨을 없앨 궁리만 한다. 이번엔 태양을 이용해 핵인간을 만들 계획을 세웠다. 이에 세계의 무기상인들 앞에서

태양의 힘이나 핵폭탄이나 같은 원리에 의한 것이라고 설명하고 있는 천재 악당 렉스 루더.

태양에 대해 설명을 하고 있는 중이다. 이때 그는 태양이 거대한 핵폭탄이라는 말을 한다. 그의 이러한 설명은 옳은 것일까?

태양은 막대한 양의 에너지를 방출하고 있다. 이러한 에너지는 어디서 오는 것일까? 바로 핵융합 반응으로부터 그 에너지가 얻어지는 것이다. 즉 태양의 중심에서 네 개의 수소 핵이 융합하여 한 개의 헬륨 핵을 만드는 수소 핵융합 반응이 일어난다. 이때의 수소 핵의 일부 질량이 줄어들게 되는데 질량 결손만큼이 에너지로 전환되어 방출되는 것이다. 수소 1 kg이 헬륨으로 전환될 때 단지 0.0071 kg 수소만 에너지로 바뀔 뿐 나머지는 헬륨 0.9929 kg으로 바뀐다. 즉 1 %도 안 되는 질량이지만 이를 아인슈타인의 상대성 이론에서 주어진 $E = mc^2$을 이용해 에너지로 환산해 보면 6×10^{14} J이라는 엄청난 양이 된다. 태양은 핵융합 반응을 이용해 초당 4백만 톤의 질량을 4×10^{26} J이라는 막대한 양의 에너지로 전환하여 방출한다. 하지만 이 에너지 중 지구가 받는 에너지는 극히 일부에 지나지 않는다. 우리가 흔히 핵폭탄이라는 부르는 것은 핵융합 반응이 아니라 핵분열 반응을 이용한 것이며, 수소 폭탄이 바로 태양의 핵융합과 같은 원리를 이용한 것이다.

2 태양계 탐사

우주선의 궤도

영화에 등장하는 이러한 모니터 장면도 잘 볼 필요가 있다. 이러한 장면에도 여러 가지 과학적 내용들이 담겨져 있기 때문이다.

아폴로 13 달을 향해 날아가는 우주선의 궤도를 나타내는 계기판을 자세히 보라. 지구에서 달에 가까운 쪽에서 우주선을 날리지 않고 반대 방향의 먼 거리에서 우주선을 발사했다. 또한 돌아올 때도 그러한 궤도로 돌아온다. 지구와 달의 직선거리로 비행을 하면 가까울 텐데, 왜 뒤쪽으로 돌아서 비행해 갈까?

천체의 중력을 로켓의 가속에 이용하는 방법을 '슬링샷slingshot' 또는, '스윙바이swing-buy' 라고 한다. 1989년 발사된 목성 탐사선 '갈릴레오' 는 천체의 중력을 이용한 스윙바이를 금성에서 1회, 지구에서 2회 실행하여 원하는 속력과 궤도를 얻어, 1995년 12월에 목성에 도착하였다. 이보다 앞서 보이저 2호가 스윙바이하여 토성, 천왕성, 해왕성, 명왕성과 같은 외행성들을 조사하고 태양계를 벗어나는 최초의 우주선이 되었다. 이와 같은 비행법은 연료를 아낄 수 있을 뿐 아니라 로켓에 의해 얻을 수 있는 가속도보다 큰 가속도를 얻을 수 있는 장점이 있다.

소행성의 환경

달 표면에서 우주인들이 이상하게 걷는 것은 공기가 없기 때문일까? 아니면 중력이 지구와 차이 나기 때문일까?

아마겟돈 오른쪽은 NASA의 비행교관이 해리의 굴착팀에게 암스트롱이 달에서 움직이는 모습을 보여주는 장면이다. 그리고 달의 중력에 대한 설명을 하고 난 후 이곳 환경을 소행성에 맞춰 뒀으니 조심하라는 말을 한다. 잠시 후 교관들이 나가면서 훈련장의 공기를 빼면서 감압시킨다. 즉, 중력에 관한 이야기를 하고 감압을 시킨 후 소행성의 환경을 체험한다는 이야기를 한 것이다. 그렇다면 이러한 과정을 통해 소행성의 어떤 환경을 체험한다는 이야기일까?

많은 사람들이 무중력 상태와 진공 상태를 혼동하는 경우가 많다. 진공眞空이라는 것은 말 그대로 '공간에 아무런 물질이 없음', 즉 공간밖에 없다는 뜻이다. 이와는 달리 무중력 상태는 '중력이 작용하고 있지 않다'는 뜻이다물론 이론상 중력이 작용하지 않는 공간은 없다. 다만 달과 지구의 중력이 평형을 이루는 지점이나 지구의 중력을 무시할 만큼 중력이 작은 지점이 있을 뿐이다. 따라서 무중력 상태와 진공은 아무런 상관이 없다. 단지, 지구는 중력이 작용하기 때문에 대기가 존재하는 것이고, 달이나 소행성의 경우에는 중력이 약하기 때문에 대기가 없어 거의 진공 상태가 되어 버린 것일 뿐이다. 우주복은 진공 상태로부터 우주인을 보호하기 위해 내압 장치가 되어 있다. 따라서 감압을 한다고 해서 우주복을 입은 우주인들이 진공을 체험할 수 있는 것은 아니다. 만약 우주복을 입지 않고, 진공을 체험했다가는 다시는 우주로 가볼 기회가 없을 것이기 때문이다.

불어라 바람아~

참으로 〈아마겟돈〉은 과학적인 기본 소양이 없는 사람이 만들었다는 느낌을 지울 수 없다. 소행성에 공기라니…

아마겟돈 소행성을 폭파하기 위해 두 대의 우주선이 날아갔지만, 한 대는 그만 추락해서 불타고 만다. 다른 한 대의 우주선에서 내린 우주인들이 굴착 작업을 하다가 폭발로 한 대 남은 굴착기도 우주로 날아가 버리자 해리(브루스 윌리스 분)는 낙담하여 소행성의 흙을 쥐고 땅에 뿌린다. 이 장면을 보면 돌가루들이 날리고 있는 것을 볼 수 있다. 그렇다면 이 두 장면에서 무엇이 잘못되었을까?

추락한 우주선에 불이 나고, 해리의 손에서 떨어지는 돌조각들이 날리고 있는 장면은 아무리 극적인 효과가 우선인 영화라고는 하지만 이렇게 과학적인 사실을 무시하고 만들 수 있나 싶은 정도이다. 불은 물질이 연소할 때 생기며, 연소는 산소가 필요하다. 소행성은 중력이 작아서 대기를 붙잡아 둘 수 없기 때문에 산소와 같은 기체가 존재하지 못한다. 따라서 불이 날 수 없으며, 대기가 없기 때문에 돌조각을 날릴 수 있는 바람도 불 수 없다. 소행성보다 훨씬 큰 따라서 중력이 훨씬 큰 달에도 대기가 없는데, 소행성에는 당연히 대기가 존재할 수 없다.

지구로 날아오는 혜성의 정체

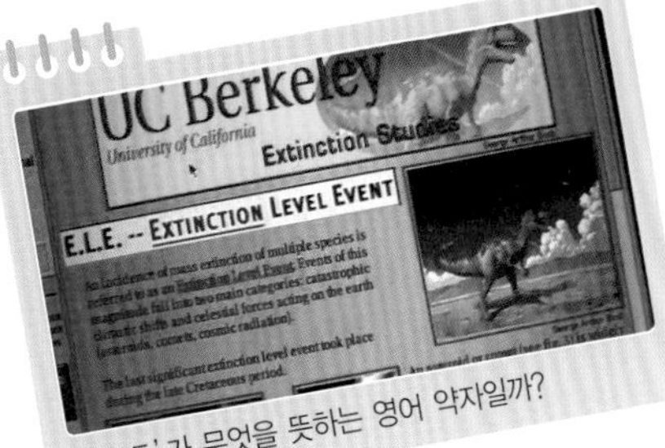

'E.L.E.' 가 무엇을 뜻하는 영어 약자일까?

딥임팩트 앵커 제니 러너(테아 레오니 분)는 재무장관 사임건을 조사하다가 '엘리(Ellie)' 라는 이름을 알게 된다. 이를 조사하다 그녀는 경호요원들에게 이끌려 대통령과 만나게 되고, 공식 발표 전까지 기사화시키지 않는다는 약속을 하고 독점 취재권을 얻는다. 나중에 알게 된 '엘리(E.L.E : Extinction Level Event)' 란 바로 '혜성 충돌로 인한 인류 종말 사건' 을 칭하는 말이었던 것이다. 그렇다면 혜성의 정체가 무엇이기에 인류를 종말로 이끌고 갈 수 있는 것일까?

이 영화는 지구를 향해 날아오는 거대한 혜성의 충돌을 막기 위한 인류의 노력과, 재난 앞에서 무력한 인간의 모습을 그리고 있다. 혜성이 지구로 접근하는 것을 알아낸 정부는 비밀리에 혜성 폭파 계획을 세운다. 그리고 드디어 임무를 띤 우주선이 준비가 되었을 때 대통령

모건 프리만 분은 국민에게 이 사실을 알린다. 대통령은 기자회견에서 친절하게도 혜성에 대한 그래픽 화면까지 동원하여 설명한다. 그의 설명에 따르면 혜성은 길이가 1.5마일과 6마일로 에베레스트 산보다 크며, 무게는 5천 억 톤이라고 한다. 또한 그는 혜성을 행성이 생성된 후 만들어진 태양계의 폐기물이라고 설명한다.

딥임팩트 혜성이 태양에 접근했다가 다시 멀어지는 길에 지구와 충돌하게 된다.

대통령이 설명한 혜성은 핼리 혜성보다 조금 작은 크기의 혜성이다. 혜성의 핵은 보통 크기가 1~10 km 정도로 그리 크지 않지만 혜성이 태양에 접근하게 되면 핵에서 분출되는 기체와 고체 물질로 인해 그 크기가 점차 커져 지구 근처에 오게 되면 수십만 킬로미터 이상 된다. 혜성이 태양으로 접근해서 핵과 핵에서 분출된 물질로 이루어진 밝게 보이는 부분을 코마coma라고 한다. 혜성이 태양에 더욱 접근하게 되면 태양풍의 복사압에 의해 코마에서 길게 뻗은 꼬리가 생기게 된다. 이 꼬리는 태양과 지구 사이의 거리보다 길게 형성되는 경우도 있기 때문에 혜성을 태양계에서 가장 큰 천체라고 부르기도 하는 것이다.

혜성의 탄생 원인은 아직 정확하게 알려진 바는 없다. 성운 속에서 만들어졌을 것이라고 생각하는 이도 있지만 대부분의 과학자들은 태양계가 형성될 때 행성이 구성되고 남은 물질로 이루어진 것이라고 추측한다. 그렇다면 혜성은 어디서 날아오는 것일까? 혜성은 오르트 구름Oort cloud과 카이퍼 벨트Kuiper belt라는 곳에 모여 있다가 주변을 지나는 항성이나 행성의 영향으로 그곳을 벗어나 태양계 안쪽으로 뛰어들어 온다. 오르트 구름이 있는 곳은 태양으로부터 약 1광년, 카이퍼 벨트는 해왕성까지 거리의 두 배 정도 되는 곳에 있을 것으로 보고 있다.

3 우주

지구와 전쟁을 하기에는 너무 먼 버그의 행성

스타쉽 트루퍼스 지구와 전쟁을 하고 있는 것은 클렌다투 항성계에 살고 있는 곤충형 생명체, 즉 버그(Bug)들이다. 거대한 버그들은 지구를 향해 운석을 쏘며 공격한다. 클렌다투의 위치는 은하의 중심에서 보면 태양계와 반대편에 있다. 이 위치에서 운석으로 공격하는 것이 가능할까?

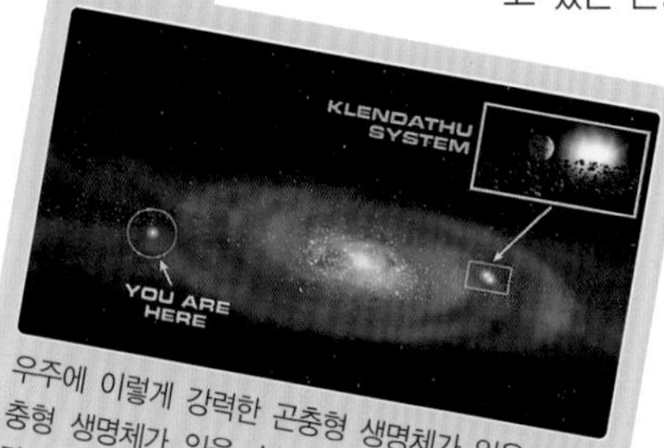

우주에 이렇게 강력한 곤충형 생명체가 있을까? 곤충형 생명체가 있을 수는 있지만 이렇게 거대하고 강력한 힘을 지니지는 못했을 것이다.

버그들이 살고 있는 클렌다투 항성계도 우리와 같은 은하계에 있다. 우리가 살고 있는 지구도 은하계의 일부이기 때문에 은하계 전체의 모습을 관측할 수는 없지만 별의 분포를 조사하면 그 모습을 유추해 볼 수 있다. 이렇게 해서 알아낸 은하계의 모양은 가운데가 볼록한 원반모양이다. 은하계가 원반모양이기 때문에 원반면인 은하면 방향으로 보게 되면 많은 별들이 겹쳐 보여서 띠처럼 보이게 되는데 이를 은하수라 부른다. 은하계의 크기는 지름이 8만 광년이며 두께는 가장 두꺼운 중심부분에서 3,000광년이다. 은하계는 2,000억 개의 별들로 구성되어 있는데, 나선팔에는 젊은 별들이 분포하고 중심부에는 늙은 별들이 분포한다.

클렌다투 항성계의 위치를 정확하게 알 수는 없지만 영화에서 제시된 장면으로 보면 태양계로부터 대략 5만 광년 정도 떨어진 것으로 보인다. 이는 태양계가 은하계 중심에서 3만 광년 떨어져 있는데, 클렌다투는 태양계보다 은하계 중심에서 조금 더 가까운 위치에 있기 때문이다. 5만 광년의 거리라면 빛의 속력으로 이동한다고 해도 5만년이 걸리는 거리이다. 버그들이 거대한 운석을 광속으로 쏘려면 무한대의 에너지가 필요하기 때문에 이는 불가능하다. 따라서 빛의 속력보다 느리게 쏜다면 수십만 년 이상의 시간이 걸려 버그의 돌덩어리 폭탄을 걱정할 필요는 없을 것 같다. 또한 그 정도 거리에서 지구를 맞춘다는 것은 서울에서 부산에 있는 모기의 눈을 맞추는 것보다 어렵다. 우주는 그렇게 거대하다.

그냥 평범한 별, 태양

선샤인 영화가 시작되면 태양을 향해 핵폭탄을 싣고 날아가야 하는 이유를 설명한다. 이 장면에서 멀리서 태양을 바라 볼 때는 태양이 작게 보이지만 가까이 다가가면서 점점 더 밝게 보인다. 그리고 임무를 띤 우주선이 태양으로 점점 다가가면 태양은 점점 뜨거워질 뿐 아니라 그 크기와 밝기가 더욱 증가한다. 그렇다면 거리와 별의 밝기에는 어떤 관계가 있는 것일까?

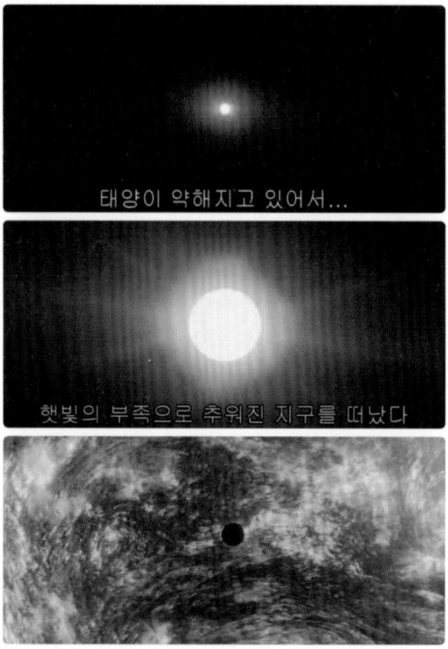

선샤인 태양으로 다가가자 태양이 점점 크고 밝게 보인다.

전등 가까이 가면 밝고 멀어지면 어두워지듯이 별도 마찬가지이다. 태양이 가장 밝게 보이는 이유는 태양이 실제로 우주에서 가장 밝은 별이기 때문이 아니라 지구에서 가장 가까이 있는 별이기 때문이다. 이와 같이 별은 거리가 멀수록 어두워지는데 별의 밝기는 거리의 제곱에 반비례한다. 따라서 태양으로부터 거리가 2배 멀어지면 태양의 밝기는 1/4로 줄어들게 된다. 하지만 이러한 사실을 몰랐던 고대 그리스 천문학자 히파르코스Hipparchus는 하늘에 보이는 별 1000여 개를 밝기에 따라 등급을 매겼다. 즉 가장 밝은 별은 1등성, 눈으로 겨우 볼 수 있는 가장 어두운 별은 6등성으로 등급을 정했다. 이와 같이 별까지의 거리는 고려하지 않고 눈에 보이는 밝기만으로 정한 등급을 겉보기 등급 또는 실시 등급apparent magnitude이라고 한다. 1856년 포그슨Norman

Robert Pogson은 1등성의 밝기와 6등성의 밝기가 100배, 즉 한 등급의 차이는 2.5배라는 허셜의 발견을 정량화하여 다음과 같은 포그슨의 방정식을 만든다.

$$m_1 - m_2 = 2.5 \log \frac{l_2}{l_1}$$

겉보기 등급으로 밤하늘에 보이는 별들의 밝기는 쉽게 알 수 있지만 실제 어느 별이 밝은지는 알 수 없다. 실제 별의 밝기는 별을 지구로부터 같은 거리10 pc에 옮겨 놓았다고 가정하여 별의 밝기를 비교하게 되는데, 이를 절대 등급absolute magnitude이라고 한다. 이렇게 하면 태양의 실시 등급은 −26.5 등급으로 가장 밝지만 절대 등급은 4.8등급으로 그냥 평범한 별에 지나지 않는다는 것을 알 수 있게 된다.

별까지의 거리는 어떻게 알 수 있을까?

스타게이트 이집트 사막의 한가운데에서 발견된 고대의 유물을 연구하는 공군(미국의 공군은 참으로 다양한 관심을 가지고 있는 듯이 보인다). 공군은 이 유물의 문자가 고대 이집트의 상형문자라는 것을 알고 이집트 피라미드 전문가인 잭슨(제임스 스페이더 분) 박사에게 해독을 부탁한다. 결국 잭슨에 의해 유물은 우주의 다른 공간으로 순식간

스타게이트를 통해 탐사 로봇이 별 사이를 이동해 가는 모습이 계기판에 표시되고 있다. 하지만 탐사 로봇이 어느 위치에 있는지는 어떻게 알 수 있을까?

에 이동이 가능한 일종의 물질 전송기라는 사실이 밝혀지고, 이를 스타게이트(Stargate)로 부르게 된다. 잭슨에 의해 스타게이트가 열리자 공군에서 탐사 로봇을 보내 스타게이트를 통해 멀리 떨어진 별까지 순식간에 이동하게 되는 것을 알게 된다. 그렇다면 실제로 멀리 떨어진 별까지의 거리를 어떻게 알아낼 수 있을까?

영화 속에서는 탐사 로봇이 보내온 신호를 추적해서 멀리 떨어진 별까지 움직였다는 것을 밝혀내지만 사실 이것은 영화 속에서나 가능한 일이다. 영화 속에서는 탐사 로봇이 우주의 반대편으로 갔다고 이야기하지만 별 사이를 이동하는 것으로 봐서 우리 은하의 반대편으로 보는 것이 타당할 것이다. 그러나 우리 은하의 반대편도 수만 광년 이상 떨어진 거리인데 이것을 몇 초 만에 이동할 수는 없다. 물론 스타게이트 사이가 웜홀로 이어진 공간이어서 공간 사이를 이동하는데 빛의 이동 속도가 빠를 수도 있다. 하지만 영화 속에서는 웜홀로 이어진 공간을 이동하는 것이 아니라 실제 별 사이를 빠르게 이동하는 것으로 그려진다. 그리고 빛보다 빠르게 움직이는 물체에서 보내온 신호는 관찰자에게 관측되지 않는다. 따라서 로봇이 별 사이를 여행하는 신호는 사실 포착될 수 없으며, 수만 광년 떨어진 곳에서 전파 신호를 보내온다면 그 신호가 도착하는데 몇만 년이 걸리게 된다. 그렇게 되면 우리 로봇의 위치와 함께

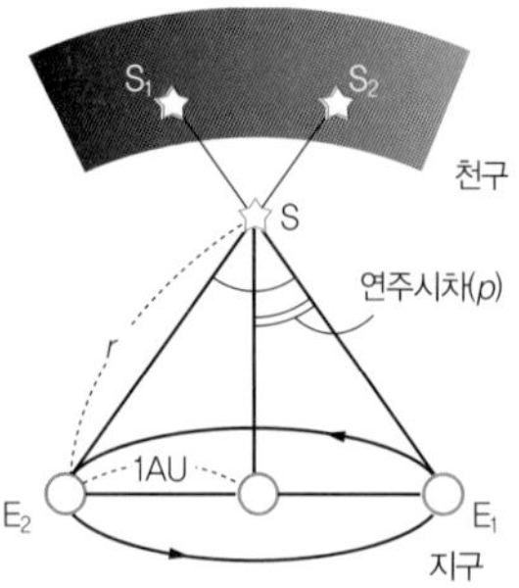

연주시차. 지구가 E_1의 위치에 있을 때 별 S는 S_1에 있는 것으로 보이며, 6개월 후 지구가 E_2 위치에 있을 때는 S_2에 있는 것으로 보인다.

그 별까지의 정확한 거리를 알게 되겠지만 실제로는 이러한 식으로 거리를 측정할 수는 없다. 아직까지 수만 광년 떨어진 곳까지 우주선을 보낼 기술이 없기 때문이다. 그렇다면 멀리 떨어진 별까지 직접 가보지 않고 어떻게 거리를 측정할 수 있을까?

별까지 거리를 구하기 위해서는 연주시차를 이용하는 방법이 있다. 연주시차는 지구가 태양 주위를 공전하기 때문에 지구의 공전궤도가 달라져 별의 겉보기 위치가 달라져 생기는 현상이다. 엄지손가락을 들고 오른쪽 눈과 왼쪽 눈으로 한쪽씩 번갈아 가며 보면 엄지손가락의 위치가 다르게 보이는 것이 바로 시차이다. 연주시차는 지구가 6개월 동안 공전했을 때 별이 천구상을 움직여 간 각도의 1/2을 말한다. 별까지 거리가 멀면 연주시차가 작아지기 때문에 비교적 가까운 별의 위치를 측정할 때 사용된다. 연주시차가 1″인 별까지의 거리를 1 pc 파섹이라고 하며 3.26광년과 같다.

두 번째는 거리지수를 이용한 방법이 있다. 별의 겉보기 등급을 m, 절대등급을 M, 겉보기 등급과 절대 등급에서의 밝기를 l, L이라고 하면 퍼그슨 방정식으로부터 다음과 같은 관계를 알 수 있다.

$$m - M = 2.5 \log - \frac{L}{l}$$

이때 $m - M$을 거리지수라고 하며, 이 값이 0이면 별은 10 pc의 위치에 있게 된다. 또한 0보다 작으면 10 pc보다 가까우며, 크면 10 pc보다 멀리 있다는 뜻이다. 또한 이 방법은 세페이드 변광성의 주기–광도 관계를 이용해서 거리를 측정할 수도 있다.

크립톤 행성의 태양은 왜 붉은색일까?

슈퍼맨의 고향인 크립톤 행성의 태양은 우리의 태양과 달리 붉은색이다.

슈퍼맨 슈퍼맨의 고향은 크립톤 행성이다. 슈퍼맨의 아버지 조엘(마론 브란도 분)은 행성이 30일 내에 폭발할 것이라고 위원회에 경고하지만 이는 묵살되고 더 이상 사람들에게 겁을 주면 처벌하겠다는 위협을 받는다. 이에 조엘은 아기를 우주선에 태워 지구로 보내게 된다. 그가 자라서 슈퍼맨이 되는 것이다. 아기 슈퍼맨이 탄 우주선이 행성을 떠나자마자 크립톤 행성은 폭발하여 우주에서 사라지게 된다. 이때 크립톤 행성 뒤로 거대한 붉은 항성이 보인다. 이러한 붉은 항성을 무엇이라고 부를까?

언뜻 보기에 하늘의 별들은 모두 비슷한 색으로 반짝이는 듯이 보이지만 사실은 색깔이 조금씩 다르다. 원래 빛은 전자기파라고 하는 파동으로 파장에 따라 다른 색으로 보이게 된다. 즉 붉은색은 파장이 길고, 푸른색은 파장이 짧다. 물체에서 나오는 빛은 물질의 구성 성분이나 온도와 연관이 있다. 불꽃색으로 금속원소를 구분하는 것은 물질에 따라 다른 파장의 빛이 나오는 것을 이용한 것이다. 별에서 방출된 빛은 별의 대기층을 지나는 동안 여러 가지 원소에 흡수되는데 이는 지구의 실험실에서도 동일한 흡수선이 나타나기 때문에 별의 구성원소를 밝혀내는 데 스펙트럼이 중요하게 이용되는 것이다. 헬륨He이 태양을 의미하는 그리스어 helios에서 따온 것도 바로 지구에서는 아직 헬륨이 발견되지 않았을 때 태양의 스펙트럼 관측을 통해 먼저 알려졌기 때문이다.

또한 대장간에서 칼을 만드는 장면을 보면 쇠를 가열하면 처음에는 아무런 빛도 방출하지 않다가 엄밀하게는 적외선을 방출하지만 이는 눈에 보이지 않는다 온도가 높아지면 검붉은 색에서 붉은색으로 빛을 발하다가 나중에는 하얀색으로 환하게 빛을 낸다. 이와 같이 물체는 온도에 따라 다른 색의 빛을 방출하는데, 이는 별도 마찬가지이다. 즉 온도가 낮은 별은 붉은색을 띠며, 온도가 높아지면 주황색, 백색, 청색 계열의 빛을 많이 방출하게 된다. 따라서 별의 스펙트럼형을 조사해 보면 별의 화학적 성분과 온도를 알 수 있게 된다. 1872년 하버드 의대의 교수였던 헨리 드레이퍼Henry Draper는 최초로 별의 스펙트럼 사진을 찍어 천문학 연구에 사진을 도입하였다. 드레이퍼 사후 그의 부인은 하버드 대학에 그의 연구 자료와 기금을 기증하였다. 이 기금의 지원을 받은 피커링Edqard Charles Pickering은 캐넌Annie Jump Cannon과 리비트Henrietta Swan Leavitt와 같은 뛰어난 여성 천문학자들의 도움을 받아 HD 항성목록Henry Draper Catalogue을 만들게 된다. 특히 캐넌의 경우 22만 5천 개나 되는 별의 스펙트럼을 혼자서 분류할 정도로 분류에 뛰어난 재능과 열정을 보였으며, 리비트는 세페이드 변광성으로 주기-광도 관계를 밝혀냈다.

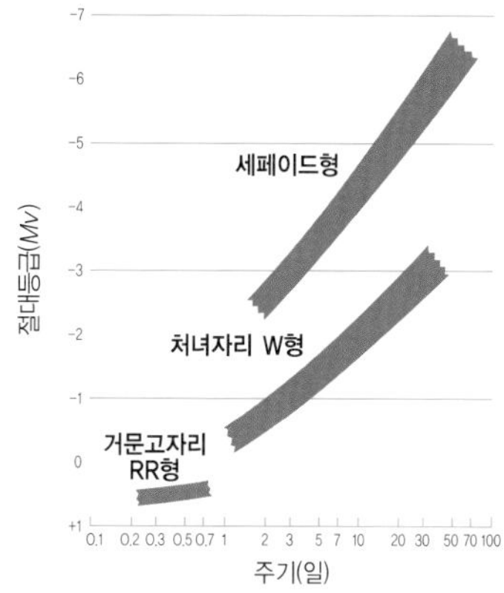

변광성의 주기 광도 관계. 리비트는 변광주기가 길수록 별이 더 밝다는 주기-광도 관계를 알아내어 외부은하까지 거리를 측정할 수 있게 되었다.

별의 스펙트럼. 왼쪽에는 별의 분광형, 오른쪽에는 해당하는 예의 별들이다.

HD 항성목록은 온도에 따라 O, B, A, F, G, K, M"Oh, Be A Fine Girl Kiss Me!"라고 많이 외운다은 구분하고, 이를 다시 0~9까지 세분화하는 데 기초를 제공했다. 이러한 구분에 따르면 표면온도가 5780 K인 태양의 경우 G2형이며, 1만 K인 시리우스Sirius는 A0형에 속한다. HD항성목록에서는 표면온도만 고려했다면 여기에 광도까지 고려한 것이 바로 H-R도이다. 이것은 항성 연구에 있어 가장 중요한 도표로 덴마크의 헤르츠스프룽Ejnarr Hertzsprung과 미국의 러셀Henry Norris Russell에 의해 각각 독자적으로 만들어졌으며 그들의 머리글자를 따서 H-R도라고 불린다.

슈퍼맨의 고향별과 같이 붉은색 별은 H-R도에서 오른쪽 위에 위치하게 되는데, 흔히 적색 거성이라고 불린다. 이는 이들 별들이 표면온도는 낮아 붉은색을 띠며, 크기가 태양의 수십 배에 이르기 때문이다. 일부 적색 거성은 크기가 태양의 수백 배 이상이며, 이는 적색 초거성으로 불린다. 적색 거성은 태양과 같은 주계열성主系列星이 진화하여 생

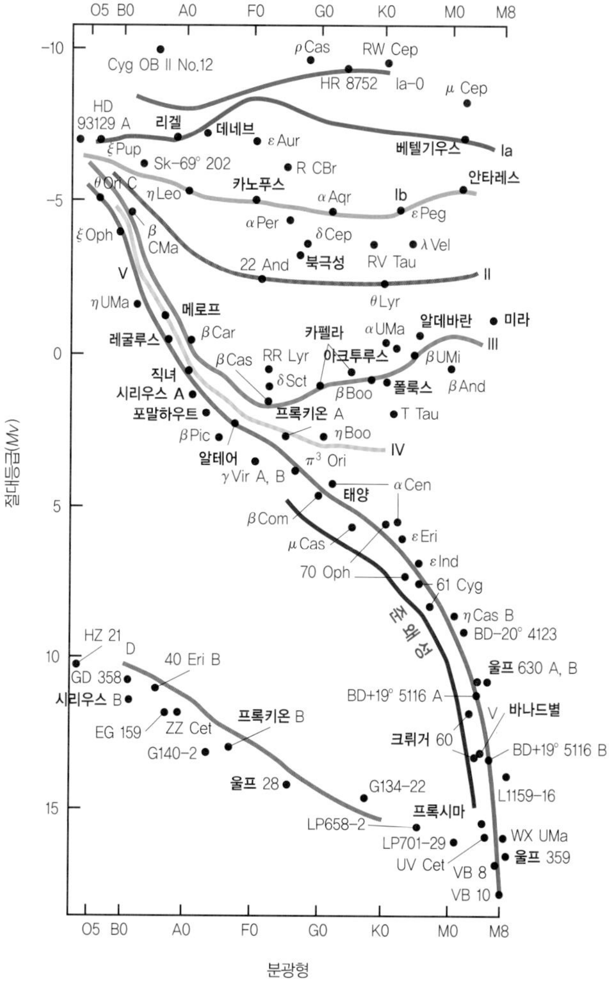

H-R도. 가로축에는 별의 스펙트럼형, 세로축에는 절대등급에 따라 별을 표시해 보면 대부분의 별들은 왼쪽 위에서 오른쪽 아래를 향하는 대각선에 표시된다. 이를 주계열성이라고 하며 태양도 여기에 속한다. 슈퍼맨 고향별과 같은 적색 거성은 안타레스나 베텔기우스와 같이 오른쪽 위에 표시된다.

긴 별로 질량이 크면 진화기간이 짧고 질량이 작으면 진화기간이 길다. 적색 거성은 주계열성이 팽창하여 외층의 온도와 압력이 급격히 팽창한 별로 태양이 적색 거성이 되면 지구를 삼켜 버릴 만큼 커지게 된다. 슈퍼맨의 고향행성인 크립톤도 행성이 폭발한 것이 아니라 항성이 폭발한 것으로 그려졌어야 한다.

태양은 외로워

침스가 도착한 행성에는 태양이 세 개가 뜬다. 이렇게 큰 태양이 세 개나 뜨면 생물이 살기에 너무 뜨겁지 않을까?

스페이스침스 침스와 그의 동료들은 인간을 대신해서 우주선을 타고 비행을 하는 침팬지들이다. 그들은 여러 가지 비행 훈련을 마친 후 우주선을 타고 지구 밖으로 날아간다. 하지만 그들이 간 곳은 다른 세상의 행성. 그 행성에는 다양한 외계인들이 살고 있다. 마치 살아있는 젤리처럼 보이기도 하는 외계인들 뒤로 하늘에는 세 개의 태양이 떠 있는 것을 볼 수 있다. 그렇다면 이렇게 태양이 여러 개인 경우를 무엇이라고 부를까?

우리가 태양계에 살고 있기 때문에 태양, 즉 항성이 하나인 것이 당연하다고 여긴다. 하지만 우주에는 침스가 도착한 항성계와 같이 별이 두 개 혹은 여러 개가 무리를 지어 태어나는 경우도 많다. 이렇게 같이 태어난 별들은 서로의 만유인력으로 묶여서 공통의 무게 중심을 돌게 되는데, 이를 쌍성또는 연성이라고 부른다. 쌍성은 단순히 별 두 개가 궤도를 돌고 있는 것 이상의 중요한 의미를 가진다. 즉 쌍성의 연구를 통해 별의 진화를 연구하는 데 가장 중요한 두 별의 질량을 직접 잴 수 있기 때문이다. 쌍성에서 두 별의 주기와 거리를 측정하면 케플러의 제 3법칙을 이용해 두 별의 질량을 잴 수 있는 것이다.

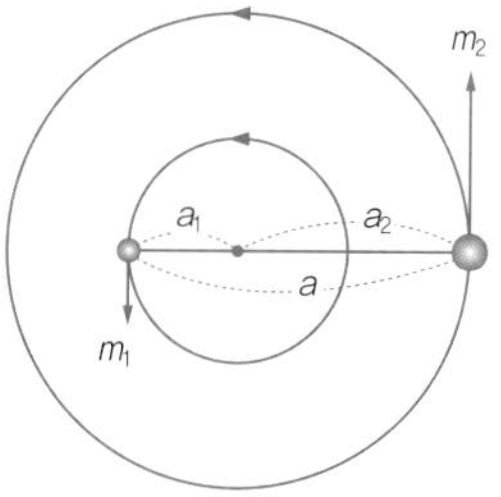

쌍성의 운동. 쌍성의 두 별 사이의 거리와 주기를 알면 질량을 알 수 있다.

$$m_1 + m_2 = \frac{4\pi^2}{G} \cdot \left(\frac{a^3}{P^2}\right)$$

$$m_1 a_1 = m_2 a_2$$ P는 주기, a_1과 a_2는 질량 중심에서 행성까지 거리이다.

이러한 방법으로 쌍성의 질량과 광도의 관계를 조사해 본 결과 질량이 클수록 일반적으로 더 밝은 별 즉 광도가 크다는 사실이 알려졌다. 이제는 쌍성의 연구 결과를 쌍성이 아닌 별에도 적용해 일반적인 주계열성의 질량을 알아내는 데 활용하고 있다.

북두칠성의 자루부분에 있는 미자르Mizar는 고대 로마에서 병사의 시력 검사용으로 사용되던 이중성이다. 미자르 옆에는 알코르Alcor가 가까이 붙어 있어 시력이 좋은 사람은 이 두 별을 분리해서 볼 수 있었기 때문이다. 하지만 널리 알려진 이 이중성은 실제는 서로 멀리 떨어져 있어 쌍성이 아니다. 인기 드라마 〈선덕여왕〉에서 "북두의 일곱별이 여덟이 되는 날 미실과 대적할 자가 오리라"는 계시를 받았던 문노정호빈 분는 북두의 별이 여덟이 되는 장면을 보게 된다. 이는 문노가 시력이 좋다면 미자르가 이중성이라 원래 북두칠성이 아니라 북두팔성이라는 것을 확인할 수 있었을 것이다. 앞에서 이야기한 것과 같이 미자르는 알코르와는 쌍성이 아니지만 실제 쌍성이 맞다. 미자르는 별빛의 스펙트럼을 통해서 구분되는 분광쌍성이다.

선덕여왕 우리 조상들도 북두칠성이 아니라 북두팔성이라는 사실을 알고 있었다.

4

영화를 과학으로 생각하기

아틀란티스 * 어비스 * 워터월드 * 투모로우

코어 * 아폴로 13 * 캐리비안의 해적 * 해피피트

아틀란티스: 잃어버린 제국

Atlantis: The Lost Empire, 2001

이 애니메이션은 그동안 디즈니에서 보여줬던 동화 속의 이야기에서 탈피해 SF(엄밀하게 따진다면 이 영화는 SF라고 보기 어렵다. 왜냐하면 아틀란티스는 과학적인 소재가 아니기 때문이다.)라는 장르에 도전한 작품이다. 기존의 디즈니 형식인 동물이나 곤충의 노래와 율동, 말 많고 귀여운 캐릭터의 등장 대신 잠수함과 로봇 가재와 같은 파격을 시도하면서, 〈라이온 킹〉의 영광을 되찾기 위해 많은 노력을 했지만 다소 부족한 듯 보인다. 하지만 1억 달러가 넘는 제작비를 투입한 영화답게 많은 볼거리를 제공한다. 미국의 유명한 만화가 마이크 미그놀라의 복고적인 그래픽 스타일과 디즈니 특유의 섬세함이 바로 그것이다. 또한 여전히 권선징악적 주제와 환상적인 모험이 잘 어우러져 아이들과 함께 보는 가족 영화로는 손색이 없다.

아틀란티스에 매료된 많은 사람들

때는 1914년. 박물관의 지도 제작자이자 언어학자인 마일로 제임스 사치 마이클 J. 폭스 목소리는 박물관에서 보일러공으로 일하고 있다. 하지만 그는 항상 할아버지가 이야기한 아틀란티스의 존재를 믿으며 사람들에게 이에 대해 설득을 하려고 한다. 하지만 그는 박물관에서 근무하는 사람들에게 비웃음만 살 뿐이었다. 그러던 중 괴짜 억만장자인 휘트모어의 지원으로 아틀란티스를 찾기 위한 모험의 길을 떠나게 된다.

플라톤이 아틀란티스에 대해 언급한 이래 이 전설에 매료된 많은 사람들이 아틀란티스를 찾기 위해 노력했지만 아직까지 발견되지 않았다.

영화 속에서 아틀란티스의 존재를 믿는 마일로를 다른 학자들이 비웃었던 것과 마찬가지로 지금도 대부분의 고고학자들과 과학자들은 아틀란티스의 존재를 믿지 않는다. 역사적으로 보면 아틀란티스Atlantis는 영화 시작에서 언급된 것과 같이 BC 355년경 플라톤의 『대화편*Dialogues*』 중 '크리아티스'와 '티마이오스'에 처음으로 등장한다. 플라톤의 경우에도 자신이 직접 본 것을 기록한 것이 아니라 솔론이 이집트 사람에게 들은 것을 옮긴 것이다. 이 때문에 아틀란티스에 대한 이야기는 플라톤 당시 때에도 논란이 많았다.

영화 속의 아틀란티스 모습

영화 속에서 아틀란티스는 환상폭포에 둘러싸인 모습을 하고 있는데, 실지로 플라톤이 묘사했던 것도 이와 비슷하다. 이는 플라톤의 이야기를 토대로 아틀란티스에 대한 많은 이야기들이 생겨났기 때문이다. 여하튼 플라톤 이후 오랫동안 아틀란티스에 대한 이야기들은 사람들의 관심을 크게 끌지는 못했다. 하지만 슐레이만의 트로이 발굴과 에반스의 미노아 문명 발굴로 다시 한 번 사람들의 주목을 끌기 시작한다.

슐레이만도 마일로와 같이 단지 호머의 서사시인 『일리아드*Ilias*』의 내용만 믿고 무작정 이를 발굴하겠다고 덤볐다. 물론 그는 가난한 보일러공 마일로와 달리 거부였지만 여하튼 고고학자도 아닌 그가 막대한 자금을 들여 이러한 발굴을 하는 데 대해 주변의 시선은 곱지 않았을 것이다. 하지만 그는 1871년 트로이 유적을, 그것도 소위 전문가들이 생각한 위치와 전혀 다른 곳에서 발굴해 낸 것이다.

이렇게 슐레이만과 에반스의 발견으로 세상이 고고학적 발굴에 지대한 관심을 가지고 있을 때 미국의 정치가인 도넬리의 『노아 홍수 이전의 아틀란티스 대륙*Atlantis:the Antediluviau World*』1882과 『신들의 황혼, 불과 돌의 시대*Ragnarok:the Age of Fire and Gravel*』1883라는 책이 베스트셀러가 되면서 사람들의 관심을 아틀란티스로 집중시키게 된다.

이후 아틀란티스의 존재를 믿는 예를 들어 독일의 나치나 영화 〈인디아나 존스〉의 존스 박사 수많은 이들이 이를 발굴하기 위해 몰려들었다. 하지만 아직까지 아무도 아틀란티스 대륙의 존재에 대한 어떠한 증거도 발견하지 못했다. 놀라운 것은 그렇게 많은 사람들이 실패를 했지만 아직도 사람들의 관심은 전혀 줄어들지 않았다는 것이다. 이는 존재 가능성이 적기에 그만큼 더 매력적인 것인지도 모르겠다.

바다 밑에 가라앉은 대륙이 있을까?

이 애니메이션이나 플라톤의 이야기에 의하면 아틀란티스는 바닷속으로 가라앉았다고 한다. 물속에 땅이 잠겼다는 이야기는 아틀란티스뿐 아니라 각 민족의 전설에 흔하지 않게 등장하는 소재이다. 이렇게 홍수에 대한 이야기가 많이 등장하는 이유는 각 민족마다 홍수에 대한 경험이 있기 때문이다. 홍수에 대한 경험이 신화와 결합해서 후대로 전해지는 것이 바로 대홍수의 전설인 것이다. 아틀란티스의 경우에는 바닷속으로 가라앉은 것이기는 하지만 홍수가 신들이 인간세계를 벌하기 위한 목적을 가지고 있다는 관점에서 보면 크게 벗어나지 않는다고 할 수 있을 것이다.

기원전 1450년경 테라 섬의 화산 폭발이 아틀란티스 전설의 기원이 되었을 가능성이 많다.

이와 같이 비록 신화와 전설이라고 하더라도 어떤 사건을 그 근원으

산토리니섬 에게 해에 있는 유명한 관광지로 아직도 화산재에 묻힌 유적을 발굴하고 있다.

로 하고 있는 경우도 많다. 그렇다면 아틀란티스 이야기의 모티브가 된 것은 무엇일까? 아마도 기원전 1450년경에 발생한 테라 섬 오늘날의 산토리니 섬 화산 폭발이 아틀란티스가 바닷속으로 가라앉았다는 이야기의 뿌리가 되었을 가능성이 많다. 오늘날 가장 유명한 화산은 폼페이를 매몰시킨 베수비오 산이겠지만, 테라의 화산 폭발은 이보다 무려 15배나 더 강력했다. 이때 발생한 굉음과 화산재는 지중해는 물론 아시아와 아프리카까지 영향을 줬다고 한다. 테라 섬의 화산 폭발에 의해 발생한 지진해일의 파도 높이는 무려 90 m에 이르렀다고 추정되며, 이 해일에 의해 크레타 섬의 해안 도시들의 피해는 엄청났다. 이 사건으로 말미암아 화려한 미노아 문명이 쇠퇴의 길을 걷고 멸망했을 가능성이 크다. 아직까지 발굴이 완전히 끝나지 않았지만 발굴된 유물을 통해 화산에 의해 매몰된 테라 섬의 화려한 모습이 조금씩 드러나고 있다.

그리스의 지질학자 가라노파우로스는 플라톤의 아틀란티스가 바로 테라 섬이라고 주장한다. 그는 플라톤이 말한 아틀란티스와 테라 섬의 미노아 문명이 여러 가지로 유사하다고 한다. 플라톤은 아틀란티스의 크기를 550×370 km라고 하였는데, 이를 10분의 1로 축소하면 테라 섬의 크기와 정확하게 일치한다는 것이다. 또한 9000년 전의 사건을 900년 전의 사건이라고 계산하면 몰락시기도 거의 일치하게 된다. 테라 섬은 화산섬이기 때문에 당연히 온천이 많다. 따라서 플라톤이 설명한 찬물과 뜨거운 물이 흐른다는 내용과도 맞아떨어진다. 이 외에도 동심원 형태의 지형이 화산에 의해 형성된 지형이라는 것도 그 근거가 되고 있다. 따라서 학자들은 토머스 모어의 『유토피아*Utopia*』와 같이 아틀란티스가 플라톤의 상상에 의한 산물이 아니라면 찬란한 미노아 문명이 아틀란티스였을 가능성이 가장 많다고 보고 있다.

수정이 특별한 힘을 가지고 있을까?

서양에서는 수정이 특별한 힘을 가지고 있다고 믿어 수정구슬 점을 치기도 한다. 이는 마치 동양에서 옥에 특별한 힘이 있다고 믿는 것과 비슷하다.

아틀란티스 사람들은 목에 수정을 걸고 다닌다. 아틀란티스 제국의 공주인 키다는 수정을 이용해 마일로 몸의 상처를 치료해 준다. 또한 수정으로 물고기 모양으로 생긴 비행정을 움직인다. 아틀란티스의 모든 힘의 근원은 바로 수정에 있는 것이다. 또한 영화 〈단테스피크〉에서는 자수정이 행운을 가져다준다면서 선물하는 장면이 있었다. 마녀들은 수정 구슬을 통해 미래를 예언한다고 한다. 인기 게임인 스타크래프트의 '프로토스' 라는 종족도 카다린 크리스탈이라는 수정을 통해 그들의 힘을 얻는다. 그렇다면 과연 수정에는 특별한 힘이 존재하는 것일까?

수정quartz은 크리스탈이라고도 불리며, 결정형이 뚜렷한 석영을 말한다. 석영SiO_2은 규소와 산소로 이루어진 광물로 지각에서 가장 흔한 광물이다. 고대 그리스에서는 얼음을 krystallos라고 불렀는데, 그들은 스스로 성장하는 얼음을 신기하게 여겼다. 이와 비슷한 모양을 가지는 수정 역시 그러한 생각을 가지게 했을 것이다. 수정뿐 아니라 다른 보석 광물들은 예로부터 어떤 힘이 있어 사람을 치료할 수 있다고 여기는 경우가 많았다. 하지만 광물들을 지니고 있다고 해서 어떤 치료효과를 볼 수 있다고 구체적으로 증명된 것은 없다.

수정은 규소와 산소로만 되어있을 때는 무색이지만 이들 원소 중 몇 개가 철이나 알루미늄 등 다른 원소로 치환되면 색을 나타낸다. 즉 자주색을 띠는 자수정의 경우에는 이산화철이 포함되어 있기 때문이다. 자수정은 우리나라에서도 산출이 되는 보석이다.

아틀란티스는 초고대 문명인가?

아틀란티스나 그 이외의 고대 문명이 뛰어난 기술을 가지고 있었을 수도 있지만 이는 당시 다른 민족에 비해 우수한 기술이라는 의미로 받아들여야 한다.

마일로 일행이 도착한 아틀란티스는 그 예전의 화려함을 잃어버린 초라한 모습을 하고 있다. 아틀란티스인들은 루크와 용병들이 가지고 온 총 앞에 힘없이 굴복하는 낮은 기술 수준밖에 보여주지 못한다. 하지만 아틀란티스인들은 마일로에 의해 수정의 힘을 이용하는 방법을 익혀 루크와 용병들을 물리친다. 그리고 수정의 힘으로 화려한 아틀란티스를 옛 모습으로 돌려놓는다.

영화 속의 내용을 영화로 생각하는 것이 아니라 실지로 아틀란티스인들의 문명은 현대 기술을 뛰어넘는다고 믿는 사람들이 있다. 그들은 버뮤다 삼각지에서 배나 비행기들이 사라지는 것은 아틀란티스인들의 소행이며, 비행접시 또한 그들이 인간을 감시하기 위해 보낸 것이라고 주장한다. 아틀란티스 대륙이 가라앉을 때 생존한 사람들이 전 세계로 퍼져나가 이집트와 마야 문명과 같은 고대 문명을 건설했다고 한다. 이렇게 황당하게 느껴지는 주장을 하는 사람들이 끊임없이 나타나고 많은 사람들이 이를 믿는 이유는 무엇일까?

바그다드 배터리. 고대에 이러한 배터리를 만들었다는 것은 놀라운 일이지만 이것이 초고대 문명이 존재했다는 증거가 되기는 어렵다.

많은 사람들이 초고대 문명이 존재했다고 믿는 것은 지금도 풀리지 않는 수수께끼 같은 유물들 때문이다. 이 유물들은 수천 년의 세월을 뛰어넘은 듯한 놀라운 기술 수준을 보여준다.

2000년 전 이집트 피라미드에서 발견된 나무로 만든 새의 모형은 마치 비행기를 연상케 한다. 자연에 존재하는 새 중에는 수직 꼬리 날개를 가진 종류가 없는데, 이 모형은 수직 꼬리 날개를 가진 것이 오늘날의 비행기를 꼭 닮았다. 또한 이라크의 바그다드 국립 박물관에는 1936년 독일의 빌헬름 쾨니히가 발굴한 기원전 3세기경의 것으로 보이는 항아리 모양의 유물이 전시되어 있다. 이 항아리는 놀랍게도 원시적인 형태의 배터리라는 것이 밝혀졌다. 볼타전지가 만들어지기 무려 2000년 전에 이미 배터리가 만들어진 것이다. 사실 배터리를 만드는 방법만 안다면 제작은 그리 어렵지가 않다. 하지만 그 당시에 배터리를 만들어 어디에 사용한 것일까? 아마 배터리는 통증을 완화시키기 위한 전기 치료에 사용되었을지도 모른다. 또는 유적지에서 발견되는 정밀한 도금 유물에서 알 수 있는 것과 같이 도금을 하는 데 사용되었을 수도 있고, 벽화에 나타난 것과 같이 불을 밝히는 데 사용되었을지도 모른다. 여하튼 그 기술은 후대에 전수되지 않은 채 갑자기 사라져 버리는 바람에 그 정확한 용도도 알기 어렵게 되었다. 이 외에도 2000년 전에 만들어진 톱니바퀴로 정교하게 만들어진 일종의 아날로그 컴퓨터라든가 두꺼운 빙하 아래의 남극 대륙을 나타내는 남극지도, 수정으로 만들어진 사람 두개골 등 많은 사람들을 놀라게 하는 유물은 한두 가지가 아니다.

이러한 유물 때문에 1만 2천 년 전에 화려한 초고대 문명을 꽃피운 아틀란티스 대륙이 존재했었다고 주장하는 것이다. 물론 유물들의 기술 수준이 놀라운 것은 사실이지만 그 유물들과 초고대 문명을 연결 짓는 것은 하나의 재미있는 상상의 수준을 넘어서기 어렵다. 우리나라에도 에밀레종이나 포석정, 석굴암, 고려청자와 같은 뛰어난 문화유산이 많이 있다. 그렇다고 이러한 유산들이 고려시대나 조선시대가 지금보다 과학이 더 발달했다는 근거가 될 수 있는 것은 아니다.

실러캔스가 어떻게 수족관 속에?

마일로는 할아버지의 친구인 휘트모어를 만나기 위해 그의 저택으로 간다. 휘트모어의 서재에는 거대한 수족관이 놓여 있는데, 그 속에는 특이하게 생긴 물고기들이 헤엄치고 있었다. 그 물고기들의 이름은 바로 실러캔스Coelacanth.

살아 있는 화석이라 불리는 실러캔스를 수집해서 어항 속에 넣어 둔 휘트모어 회장은 대단한 사람이다.

실러캔스는 공룡보다 1억 5천만 년이나 앞선 3억 5천만 년 전에 나타났다가 공룡과 거의 같은 시기에 멸종한 것으로 생각되는 물고기였다. 실러캔스는 '뼈가 비어 있는 물고기 공극어' 라는 뜻으로 붙여진 이름이다. 이러한 실러캔스가 살아 있다는 것이 알려진 것은 1938년 12월 22일로 과학자들에게는 마치 크리스마스 선물과 같이 나타났다. 즉 남아프리카공화국 이스트런던의 찰룸나강 하구 앞바다에서 이 물고기가 어부들에 의해 잡혔던 것이다. 이 물고기를 본 이스트런던 박물관의 M.C.래티머는 스케치와 관찰 기록을 첨부해 그레엄스타운 대학교의 화학자이자 아마추어 어류학자인 J.L.B.스미스에게 보냈다. 이것이 실러캔스라는 것을 알아본 스미스는 래티머와 찰룸나강을 기념하여 라티메리아 찰룸나*Latimeria chalumnae*라는 학명을 붙여 1939년 『네이처』에 발표하였다.

이렇게 하여 실러캔스라는 '살아 있는 화석' 의 존재가 세상에 알려지게 된 것이다. 그 후 스미스는 실러캔스를 포획하기 위하여 100파운드의 상금을 걸어 1952년까지 100마리가 잡혔으며, 우리나라에는 모로코에서 기증한 박제가 63빌딩에 전시되어 있다고 한다. 실러캔스가 많은 사람들의 주목을 끈 것은 오래된 것뿐 아니라 독특한 외모도 한몫을 하고 있다. 실러캔스는 일반적인 물고기와 달리 다리처럼 생긴 튼튼한 지느러미에 갑옷 같이 두꺼운 비늘을 가지고 있다. 실러캔스는

살아 있는 화석으로 불리는 실러캔스

수심이 100~150 m의 깊은 바다에 살고 있으며, 전기장을 먹이 사냥에 이용한다고 한다.

현존하는 어류 중 관절이 있는 지느러미 엽상지느러미를 가진 것은 실러캔스와 폐어뿐이다. 이들의 튼튼한 지느러미는 이 물고기들이 오늘날의 사지동물 tetrapods의 조상으로 보일 수 있지만, 과학자들은 실러캔스는 4억 년 전쯤 오늘날의 사지동물의 공통조상과 갈라져 나온 것으로 추측한다. 3억 6천만 년 전에 살았던 것으로 추측되는 사지동물의 조상인 익티오스테가Ichthyostega는 오늘날의 사지동물보다는 실러캔스나 폐어를 더 많이 닮은 모습을 하고 있었다. 초기 사지동물인 익티오스테가와 같은 동물이 오늘날의 다양한 사지동물을 만들어 내는 동안 놀랍게도 실러캔스는 거의 변화가 없이 그 모습 그대로를 간직하고 있는 것이다. 물론 폐어도 마찬가지이다.

육상 동물의 조상인 익티오스테가. 실러캔스와 비슷한 느낌이 나는지?

실러캔스나 폐어와 같은 물고기를 보면서 땅 위를 걷기 위해서 다리가 생겼다고 생각하겠지만 최근의 연구에 의하면 꼭 그렇지는 않다는 것이 고생물학자들의 생각이다. 즉 발과 발가락은 땅 위를 걷기 위해 생긴 것이 아니라 물속에서 바위나 수초를 잡고 이동하거나 먹이를 덮치기 위해 사용한 것일 수도 있다는 것이다.

여하튼 이 물고기가 알려진 것은 1938년인데, 이 영화의 배경이 되는 1914년에 이미 수족관 속에 잡아서 보관하고 있다는 것이 놀라울 따름이다.

리바이어던의 정체는?

실러캔스의 모습도 괴물 못지않지만 마일로 일행이 잠수함 율리시스를 타고 아틀란티스로 가는 도중 만난 괴물에 비하면 귀여울 정도이다. 마일로 일행이 아틀란티스 입구에서 만난 이 괴물은 리바이어던Leviathan으로 거대한 갑각류와 비슷한 모습을 하고 있었다. 리바이어던의 공격으로 율리시스는 파괴되고 대원들은 소형 잠수정을 타고 겨우 탈출에 성공한다. 또한 〈아틀란티스 2: 마일로의 귀환〉에는 배를 침몰시키는 거대한 괴물 크라켄이 등장한다. 크라켄Kraken은 노르웨이 말로 '무서운 바다 괴물'이라는 뜻으로 노르웨이 어부들 사이에는 널리 알려진 괴물이었다. 이 괴물은 거대한 오징어나 문어의 모습을 하고 있으며, 쥘 베른의 『해저 2만 리』에도 등장한다. 오랫동안 크라켄의 존재는 단지 선원들의 과장된 무용담 속에 등장하는 상상의 동물로 치부되었으나 19세기 덴마크의 생물학자 야페투스 스텐스트루프는 이

리바이더는 구약성경에 등장하는 거대한 괴물이지만 이 애니메이션에서는 SF인 『해저 2만리』의 내용과 적당히 연결하여 신비 동물인 크라켄인 듯한 인상을 주고 있다.

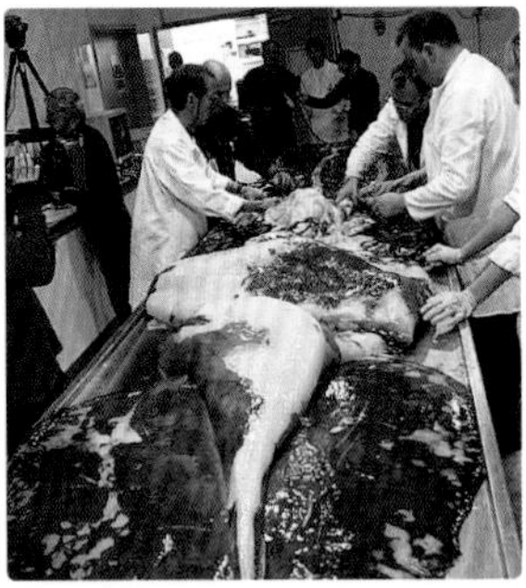

뉴질랜드 과학자들이 대왕오징어를 해부하고 있는 장면

를 실존하는 동물로 생각하고 학명을 아키투티스*Architeuthis*라고 붙였다. 이후 1874년 캐나다의 뉴펀들랜드 해안에서 길이 18 m에 이르는 거대한 오징어가 발견되면서 전설이 아니라 현실 세계로 등장하게 된다. 이후 전 세계적으로 100여 마리 정도의 대왕오징어가 발견되었으며, 우리나라의 경우에도 1996년 동해에서 발견된 적이 있었다. 세계 최초로 살아 있는 상태로 포획되었지만 이 오징어의 가치를 몰라본 어부들이 미신에 사로잡혀 토막 내 바다에 버렸다고 한다.

리바이어던의 모델이 될 만한 동물이 존재할 가능성도 있다. 그만큼 심해의 동물에 대해 아직 알려진 바가 없기 때문이다.

놀라운 생명력의 아틀란티스인들

마일로가 아틀란티스의 위치를 설명하는 장면을 보면 해수면으로부터 45 m 아래의 지하에 그 입구가 있다고 설명을 한다. 물속에 존재하는 아틀란티스로 향하는 동굴에 물이 들어가지 않으려면 물에 의한 압력과 동

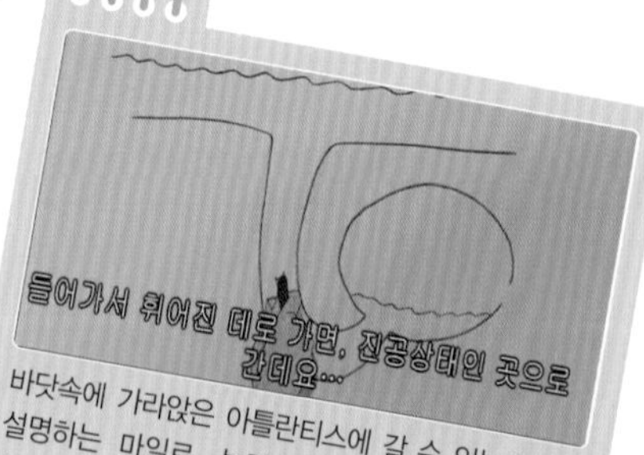

바닷속에 가라앉은 아틀란티스에 갈 수 있는 방법을 설명하는 마일로. 놀랍게도 아틀란티스는 바닷속 45m에 있는데, 이럴 경우 어떤 문제가 있을까?

굴 내부의 기압이 같아야 한다. 즉 유리컵을 거꾸로 해서 물속으로 점점 밀어 넣으면, 컵 내부의 공기에 의한 기압과 아래에서 밀어 올리는 수압이 같은 지점에서 더 이상 물이 컵으로 올라오지 않게 된다. 이는 온도가 일정한 경우 공기의 부피는 압력에 반비례하기 때문이다. 따라서 아틀란티스도 동굴 속으로 물이 더 이상 올라오지 않는다면 동굴 내부는 외부의 수압과 같은 기압이라고 볼 수 있는 것이다.

수면 아래로 내려가면 10 m마다 1기압씩 증가한다. 따라서 아틀란티스가 있는 동굴의 기압은 45 m에 해당하는 수압4.5기압과 대기압을 더한 5.5기압이 된다. 이렇게 되면 공기가 풍부해서 살기 좋을 것 같지만 사실은 그 반대이다. 이러한 고압에 장기간 노출되게 되면 신체에 무리가 오기 때문에 정상적인 생활을 할 수 없다. 연탄가스 중독 환자를 고압산소 탱크에 넣을 때에도 시간을 정확하게 지키는 것은 산소의 압력이 높은 상황이 지속되면 환자에게 오히려 해롭기 때문이다. 물론 이러한 문제점이 영화 속에서와 같이 수정의 힘에 의해 모두 해결될 수 있다고 억지로 우긴다면 할 말은 없다.

놀라운 지하세계

마일로 일행은 리바이어던의 공격에서 겨우 살아나 아틀란티스가 있는 동굴에 들어온다. 여기서 아틀란티스로 가는 길에 눈보라를 만나 털 코트를 입고도 추위에 떠는 모습을 보여준다.

지하로 내려갈수록 온도는 올라간다. 그런데 아틀란티스에는 눈이 내리는 곳이 있을 수 있을까?

이는 영화 속의 이야기일 뿐 지하세계는 이와 전혀 다르다. 지하로 내려가면 갈수록 온도는 증가한다. 즉 땅속으로 들어가면 100 m당 약 1.5~3.5 ℃ 정도 온도가 증가한다. 물론 지구 내부로 가면서 계속 이렇게 온도가 증가하는 것은 아니다. 만약 이렇게 지속적으로 온도가 증가한다면 지구 중심부의 온도는 10만 ℃ 가까이 되어야 한다. 이러한 온도에서는 물질은 액체 상태가 되어야 하는데, 지진파 연구에 의하면 지구의 내핵은 고체 상태이기 때문이다.

지구 내부로 갈수록 온도가 올라가는 것은 지구 내부로부터 열이 지표로 이동하기 때문이다. 이를 지각 열류량이라고 한다. 지각 열류량은 지역에 따라 차이가 나는데 영화 속에서와 같이 화산지대인 경우 더 크다. 따라서 눈이 내리는 지역은 있을 수 없다. 지구 내부의 열은 핵에서 공급되는 열도 있지만, 이보다는 방사성 원소가 붕괴할 때 발생하는 열에 의한 것이 더 많다. 즉 지각에는 ^{235}U, ^{238}U, ^{232}Th, ^{40}K와 같은 원소들이 자연 붕괴할 때 발생하는 열이 지각 열류량의 중요한 공급원이 되는 것이다.

아틀란티스로 가는 길에는 눈도 내리고 구름도 있고, 넓은 호수도 있다. 그리고 그 사이에 용암도 흘러간다.

또 놀라운 것은 아틀란티스에 푸른 하늘이 보이고, 바람이 분다는 것이다. 하늘이 푸른 것은 태양 빛이 대기의 산란에 의한 것이기 때문에 태양 빛이 없는 지하에서는 푸른 하늘이나 구름을 볼 수 없어야 한다. 물론 이러한 것은 모두 영화적 상상력이지만, 지구공동설을 믿는 일부 사람들은 그렇지 않다고 생각할 것이다. 지구공동설 지지자들은 지구 내부에 조그만 태양이 있는 지하세계가 있다고 믿기 때문이다.

만약 아틀란티스가 존재한다면 정말 놀랍고 반가운 일이 될 것이다. 하지만 과학이 밝혀낸 바에 의하면 지하세계나 깊은 바닷속에 존재하는 알려지지 않은 문명이 존재할 가능성은 거의 없다.

어비스

Abyss, 1989

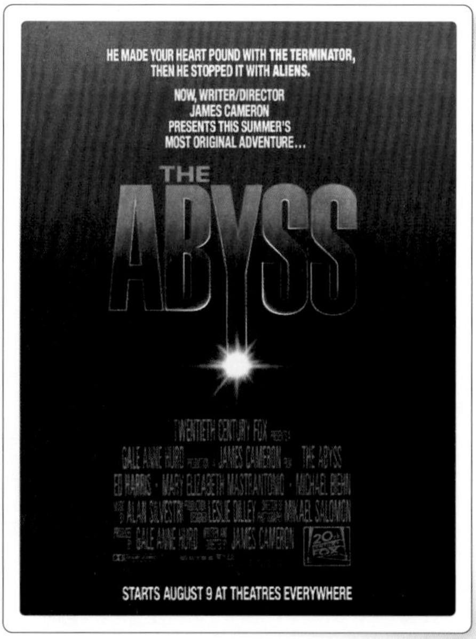

심해를 상징하는 짙은 푸른빛의 배경과 잠수함에서 들려오는 소나 소리와 함께 영화는 시작된다. 미국의 핵잠수함 USS 몬타나가 정체불명의 물체에 의해 침몰되고, 침몰된 잠수함에서 핵탄두를 찾기 위해 특수요원(모자에 SEAL로 표시된 것으로 봐서 아마 네이비 씰이 아닐까?)이 민간 석유시추선 딥코어에 파견된다. 해저의 높은 압력 때문에 중독 증세를 보이는 코피 중위(마이클 빈 분)와 민간인 승무원들의 갈등이 다소 긴박감은 떨어지지만 나름대로 흥미를 주며 영화가 진행되어 간다. 하지만 결말에서 갑자기 외계인이 등장하여 앞으로 다시 전쟁이나 핵무기를 사용하려 든다면 물로써 심판할지도 모른다는 다소 종교적인 뉘앙스를 풍기면서 영화는 허무하게 끝나 버린다. 이러한 결말은 〈미션 투 마스〉에서 지구 생명의 탄생 신비가 화성인에 의한 것이라는 것과 같이 너무 맥 빠지는 것이다. 이러한 영화의 시나리오 때문에 물로 만든 특수효과와 심해 탐사 장비 등 많은 볼거리를 제공하지만 아쉽게도 흥행에는 실패하는 결과를 낳게 되었다. 〈아마겟돈〉과 〈딥임팩트〉가 비슷한 소재로 동시에 개봉하여 같이 성공한데 비하여, 〈어비스〉는 〈레비아탄〉과 같이 개봉하여 작품성이 다소 떨어지는 〈레비아탄〉만 흥행하게 된다. 하지만, 카메룬 감독은 이 영화에서 사용했던 물을 사용한 특수효과를 몇 년 후 〈터미네이터 2〉에서 액체합금 로봇에 사용함으로써 그 때의 참패를 말끔히 씻어 버리게 된다.

심연(深淵, Abyss)이란 어떤 곳인가?

매우 깊은 바닷속을 의미하는 'Abyss'. 도대체 바닷속은 얼마나 깊을까? 지금까지 알려진 가장 깊은 바다는 필리핀 근처의 마리아나 해구로 깊이가 무려 11,034 m로 세계 최고봉 에베레스트 산보다 2,000 m 이상 더 깊다. 해구는 움푹 들어간 해저 지형을 말하는데, 전 세계 바다에 25~27개의 해구가 있는 것으로 알려

버드는 바닷속에 떨어진 핵탄두의 뇌관을 제거하기 위해 깊은 골짜기 아래로 내려간다. 바닷속에도 육지와 같이 다양한 지형이 존재한다.

져 있다. 해구는 바다 한중간보다는 대륙 연변부에 많이 있는데, 이는 해양판이 대륙판 아래로 끌려들어 가면서 생긴 지형이기 때문이다. 마리아나 해구를 처음이자 마지막으로 가본 사람들은 1960년 트리스테Trieste를 타고 용감하게 모험을 떠난 피카르드Jacques Piccard와 미해군 중위 왈쉬Don Walsh뿐이다. 그리고 일본의 무인 잠수정인 가이코Kaiko가 방문을 했을 뿐이다. 이렇게 해저 탐사가 어려운 것은 수압 때문이다. 물속으로 10 m 들어갈 때마다 1기압씩 높아지기 때문에 마리아나 해구의 경우 압력이 무려 1,100기압이나 된다. 이 정도라면 손바닥 위에 1.5톤 트럭을 무려 100대나 올려놓은 압력이다. 〈어비스〉에서도 코피 중위가 해저 골짜기로 떨어지면서 수압에 의해 잠수정이 부서져 버리는 장면에서 그 위력을 엿볼 수 있다.

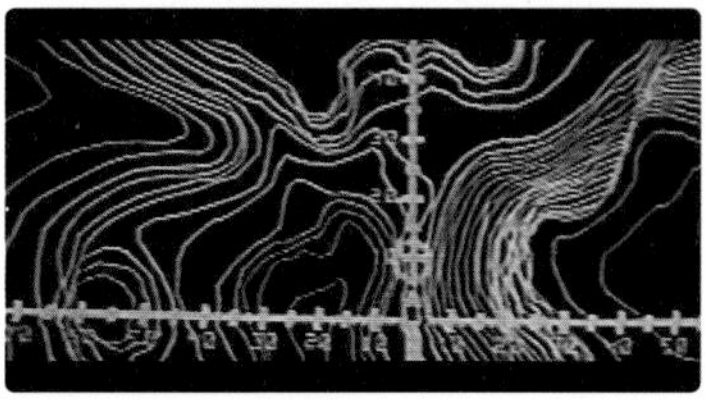
등고선이 조밀한 곳은 경사가 급한 곳이고 그렇지 않은 곳은 경사가 완만한 곳이다.

대륙 주변에는 대륙붕continental shelf이라고 하여 완만한 해저 지형이 펼쳐져 있다. 대륙붕은 깊이 약 200 m까지의 해저 지형을 말하며, 태양 빛이 비치기 때문에 많은 동식물의 서식처가 된다. 〈어비스〉에서 딥코어는 해저석유 탐사를 하는 민간 석유시추 범장장비이다. 이와 같이 대륙붕은 해저임에도 불구하고 석탄 · 석유 · 천연가스의 천연자원이 매장되어 있어 각국에서 개발이 한창 진행되고 있다. 대륙붕에서 200~300 m 깊이로 내려가면서 경사가 급해지는 지역을 대륙사면continental slope이라고 한다. 대륙사면에는 깊은 골짜기가 있기도 한데, 이를 해저협곡submarine valley 또는 해저곡이라고 한다. 대륙사면 다음에 이어지는 해저 지형이 바로 심연의 평지인 대양저ocean floor 이다. 대양저에는 심해저 평원이 펼쳐져 있으며, 해산은 물론 해저 산맥이나 화산섬 등 다양한 해저 지형이 분포하며, 기요평정해산라고 불리는 독특한 지형도 있다.

영화 속의 핵잠수함 침몰이 진짜로 일어나다.

핵잠수함은 일단 잠수하면 찾기가 거의 불가능하다. 따라서 적의 공격에 의해 침몰할 가능성은 많지 않다. 하지만 강력한 외계인의 공격이라면…?

핵잠수함의 비극에 대한 영화로 가장 볼 만한 것은 아마 〈K-19〉일 것이다. 이 영화에서 임무를 완수하기 위해 노력하는 군인들의 모습도 볼 만하지만, 방사선 피폭이 얼마나 무서운 것인가를 매우 인상적으로 보여준다. 〈어비스〉에서는 영화 초반부에 미국의 핵잠수함이 외계인에 의해 침몰된다. 하지만 핵잠수함이 침몰하는 사건이 영화 속에서만 일어나는 것은 아니다. 2003년 8월 30일 러시아의 핵추진 잠수함 K-159가 노르웨이와 러시아 사이 해역인 바렌츠 해에서 침몰하여 승조원 9명이 숨지는 사고가 실제로 발생했다. 문제의 심각성은 이 사고가 처음이 아니라는 데 있다. 러시아는 이미 3년 전에 노르웨이 북동쪽 바렌츠 해에서 오스카급 핵잠수함 쿠르스크 호가 침몰하여 승조원 118명이 모두 숨지는 참사를 겪었다. 〈어비스〉에서는 오로지 핵탄두만을 중요하게 생각하고 있지만, 사실 잠수함의 원자로에서 방사능 물질이 새어나올 경우

생태계 파괴 등 여러 가지 문제를 일으키게 된다. 〈어비스〉에서는 침몰과 함께 순식간에 잠수함에 물이 들어차는 바람에 생존자가 없었다. 하지만 쿠르스크 호의 경우에는 몇 명의 생존자가 며칠간 생존해 있었던 것으로 전해진다. 하지만 러시아 정부는 이들의 구조보다 사고를 감추기에 급급했기 때문에 이들의 목숨을 구하지 못했다는 비난을 받았다. 또한 이때 사고를 러시아는 미국 잠수함과의 충돌이라고 주장했고, 미국과 영국에서는 신형 어뢰를 시험하다 발생한 사고라고 주장했었다. 최종 결론은 연료 불량으로 터진 어뢰가 또 다른 어뢰를 폭발시킨 것으로 발표되었다. 여하튼 침몰한 선박을 인양하는 작업은 결코 쉬운 일은 아니며 인명 구조는 더욱 어렵다.

딥코어 아래쪽 구멍이 바다와 연결되어도 물이 올라오지 않는 이유

물 속에서 구멍이 나면 물이 새어 들어오기 마련인데, 딥코어는 아래쪽이 외부와 연결되어 있어도 물이 올라오지 않는다.

딥코어의 바닥은 바다와 바로 통해 있다. 하지만 바닷물은 딥코어 내부로 올라오지 않는다. 아래쪽에 구멍이 난 구조로 된 딥코어와는 대조적으로 잠수함은 구멍이 나자 순식간에 물이 차서 침몰해 버렸다. 어떤 차이가 있기에 이러한 일이 생기는 것일까? 잠수함이 침몰하자 린지와 특수대원들이 딥코어에 승선하기 전에 고압실에서 적응을 하고 난 뒤 탑승하는 데서 그 연유를 찾을 수 있다. 〈딥블루시〉에서 잠수함과 딥코어의 차이점을 더욱더 확실하게 볼 수 있다 77쪽 참조. 〈딥블루시〉에 등장하는 상어 연구소인 아쿠아티카는 230 m 아래쪽에서 바다와 연결되어 있어 딥코어와 비슷한 구조로 되어 있다. 단지 차이가 있다면 아쿠아티카는 기밀구조로 되어 있어 엘리베이터를 통해 수면에서 아래로 내려온다는 것이고, 딥코어는 잠수를 해서 들어가야 한다는 차이뿐이다. 빨대 끝을 막고 물속에 집어넣으면 빨대 안으로 물이 조금 올라오다가 더 이상 올라오지 않는 것을 관찰할 수 있다. 하지만 막고 있는 손을 떼게 되면, 물이 바로 수면과 같은 높이까지 올라오게 된다. 따라서 물이 올라오는 것을 공기가 막기 때문이라는 것을 알 수 있다. 이 현상을 미시적인 관점에서 본다면 공기 분자가 물 분자와 충돌하기 때문에 생기는 것이라 설명할 수 있으며, 거시적인 관점에서는 수압과 기압이 같은 곳에서 물이 올라오는 것이 멈추게 된다고 말할 수 있다. 이 원리를 역으로 이용한 것이 바로 수은기압계이다. 수은기압계는 수은기둥에 의한 압력과 공기에 의한 기압이 같은 지점에서 수은기둥이 더 이상 내려오지 않고 멈추는 것을 읽을 수 있도록 만들어져 있는 것이다. 〈딥블루시〉에서는 통로의 문을 열자 마치 빨대를 막고 있는 손을 뗄 때 물이 올라오듯이 연구소의 공기가 빠져나가고 바닷물이 솟구쳐 올라오는 모습을 볼 수 있었다. 딥코어에서도 딥코어 내부의 기압과 수압이 같기 때문에 바닷물이 더 이상 올라오지 않는다. 이는 딥코어가 부서지지 않았을 때는 균형이 맞기 때문에 물이 올라오지 않지만 외부 충격에 의해 부서지자 공기가 빠져나간 만큼 물이 올라오게 되는 것이다. 잠수함이 침몰한 이유도 잠수함 외부가 내부보다 압력이 크기 때문에 잠수함 내부로 물이 차게 된다.

버드와 그의 동료는 어떻게 잠수병에 걸리지 않을까?

깊은 물속에서 잠수를 하다가 갑자기 물 밖으로 나오게 되면 잠수병에 걸릴 수 있다.

버드와 그의 동료들이 탑승한 잠수정들은 왜 바다 위로 올라오지 않고 딥코어에서 머물며 작업을 할까? 또한 마지막에 생존자들이 외계인에 의해 바다 위로 갑자기 올려졌을 때 죽지 않는다고 신기해 하는 이유는 무엇일까?

잠수의 역사는 기원전 4500년경 메소포타미아 지방의 진주 잡이로 거슬러 올라간다. 이후 잠수종과 같은 여러 가지 장비를 가지고 잠수를 하였고, 잠함을 만들어 수중에서 작업을 할 수 있게 되었다. 와트의 증기기관에 의해 산업혁명이 일어나고 철도가 유럽의 전역으로 뻗어나가면서 철도가 강을 통과하기 위해 튼튼한 다리가 필요하게 되었다. 기차가 통과할 만큼 튼튼한 다리의 기초를 만들기 위해, 강바닥에서 노동자들이 작업을 할 수 있게 만든 것이 바로 잠함케이슨, Caissons이었다. 이것은 종모양의 강철로 만든 거대한 함을 강바닥에 가라앉히고 여기에 압축 공기를 불어 넣어 바닥을 통하여 작업을 할 수 있는 구조로 되어 있었다. 다리의 건설뿐 아니라 터널이나 항구의 건설을 위해 잠함은 더욱더 흔하게 사용이 되었고, 더 많은 생산성과 수익성을 위해 잠함에서 노동 시간은 점점 길어졌다. 그러자, 잠함 속의 노동자들에게 구역질이나 근육의 경련, 멀미, 현기증, 발작 등 산소 중독 증세가 발생하였다. 잠함 밖으로 나온 노동자들은 피부의 간지러움이나 현기증을 호소했고, 심지어 정신을 잃고 사망하는 일이 자주 생겼다. 이와 같은 증세를 케이슨병잠함병 또는 잠수병bend이라고 불렀다.

잠함 속에서 작업을 하는 모습

이러한 현상이 생기는 이유는 19세기 프랑스 생리학자인 폴 베르Paul Bert가 잠수에 대한 연구를 하여 원인을 밝혀내면서 알려졌다. 높은 압력에서는 기체의 용해도가 증가하기 때문에 몸 안에 질소가 많이 녹는다. 몸에 녹아 있는 질소가 급하게 물 위로 올라오게 되면 갑자기 압력이 줄어들어 몸속의 질소가 다시 기체로 바뀐다. 이때 서서히 올라오게 되면 질소가 폐를 통해 배출되나, 급하게 올라오게 되면 혈액 속에서 기포가 되어 혈관을 막아 버린다. 잠수병을 공기색전증이라고 부르는 이유가 여기 있는 것이다색전증은 혈관을 막아서 생기는 증세를 말한다.

앞에서 설명한 것과 같이 딥코어의 내부에는 외부의 수압과 같은 기압이 작용한다. 이들은 고압환경에서 적응을 했기 때문에 신체 내부에는 질소 기체가 가득 용해되어 있다. 이와 같이 몸에 질소가 포화되어 있는 상태에서 하는 잠수를 포화잠수라고 한다. 코피 중위와 같이 고압환경에 대한 중독 증세를 보이지 않는다면 그들은 몸에 이상을 느끼지 않고 딥코어에서 생활할 수 있다. 이와 같이 잠수정을 이용한 포화잠수를 하는 이유는 감압에 오랜 시간이 걸리기 때문이다. 감압은 매우 지루하기 때문에 고통스럽게 느껴질 정도이다. 만약 200m 이상 잠수했다면 1주일을 아무것도 하지 않고 감압실에 있어야 한다. 또한 한 번 포화잠수를 했다면 상당한 기간 동안 잠수를 하지 않고 휴식을 취하는 것이 좋기 때문에 일단 이렇게 들어가면 계속 수중 생활을 하는 것이다. 영화 마지막 장면에서 갑자기 물 위로 올라왔기 때문에 딥코어 승무원들의 혈관은 끓어오른 질소기체로 막혀 몸에 마비가 오거나 심하면 쓰러져 죽어야 정상이다.

워터월드

Waterworld, 1995

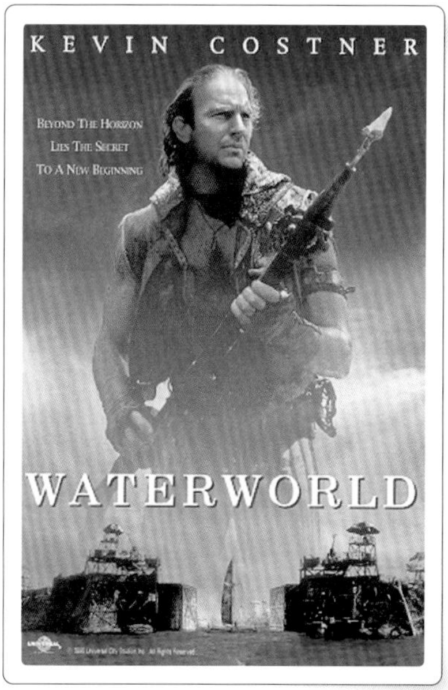

이 영화는 개봉 당시 역대 최고 제작비를 들이고 케빈 코스트너라는 굵직한 배우를 기용한 대작임에도 불구하고 스토리나 액션이 관객의 기대에 미치지 못했다는 평가를 받았다. 환경재난 영화 〈투모로우〉가 빙하가 녹아 지구의 기후 시스템을 교란한다는 소재를 가지고 있듯이 이 영화 또한 빙하가 녹아 재난을 겪는다는 소재를 가지고 있어 같은 맥락의 영화라고 할 수 있을 것 같다. 단지 차이점이라면 〈투모로우〉가 현재를 배경으로 하고 있다면 이 영화의 경우 지구 전체가 이미 물로 휩싸인 미래를 배경으로 하고 있다는 것이다.

〈워터월드〉에서 엄청난 재난에서 살아남은 사람들은 바다 위에 인공섬을 만들어 거주하거나 스모커들과 같이 제트스키와 배를 가지고 해적질을 하며 살아간다. 또한 그 와중에 신비함을 느끼게 하는 마리너(케빈 코스트너 분)와 같은 인물들이 바다를 떠돌아다니며 여러 가지 물품을 거래하며 살아간다.

오줌 한잔 어때요?

마리너는 자신의 오줌을 받아서 그것을 걸러서 마시는 독특한 취미(?)를 가지고 있다.

마리너는 그의 애마 트라이마란 Trimaran이라는 커다란 세일 보트를 몰고 다니는 고독한 영웅이다. 영화 초반에 마리너가 자신의 소변을 걸러서 마시며 바다를 항해하는 장면을 볼 수 있었다. 모든 생물에게 가장 중요한 것이 물이기 때문에 당연히 마리너도 물을 마셔야 한다. 마리너가 오줌을 그냥 마신 것이 아니라 걸러서 마셨는데, 그냥 마실 경우에는 어떻게 될까?

자동차가 연료를 연소시킬 때 이산화탄소나 물과 같은 연소생성물이 발생한다. 이와 같이 동물들도 물질대사를 통해 에너지를 얻는데, 이 과정에서 몸에 해로운 여러 가지 독성물질이 발생한다. 이러한 물질대사 생성물을 몸 밖으로 배출하지 않으면 몸에 여러 가지 손상을 줄 수 있다. 물질대사 과정에서 발생하는 노폐물 중 특히 단백질 대사

작용을 통해 발생하는 암모니아는 매우 해롭기 때문에 신속하게 배출되어야 한다. 암모니아가 물에 잘 녹기 때문에 물고기의 경우는 아가미에 들어오는 물을 통해 이를 배설한다. 하지만 육상 동물의 경우에는 암모니아의 독성을 피할 만큼 암모니아가 신속하게 공기 중에서 확산되지 않기 때문에 이를 몸에 덜 해로운 요소나 요산으로 바꾸어 배설하게 된다. 요소는 몸에 덜 해롭기 때문에 축적이 가능하고 이를 물과 함께 오줌으로 배설하게 되는 것이다. 오줌의 양은 수분 섭취량에 따라 달라지기는 하지만 일반적으로 성인 남자의 경우 하루의 1∼2 ℓ 정도의 오줌을 눈다. 오줌에서 95 % 이상은 물이 차지하며, 나머지는 요소와 요산, 아미노산과 무기염류 등이 차지한다.

몸에는 항상 일정량의 염분을 가지고 있어야 한다. 염분의 양은 너무 적어도 안 되며 많아도 곤란하다. 동물에 따라 체내에 축적할 수 있는 염분의 양은 다르지만 아무리 높아도 0.9 % 이상 축적할 수 있는 동물은 없다. 사람의 경우에는 오줌 속에 2.2 %의 염분을 농축시킬 수 있다. 오줌 속에 농축할 수 있는 염분의 농도도 동물에 따라 다른데, 물을 풍부하게 얻을 수 있는 동물들은 농도가 낮고 물을 얻기 어려운 사막에 사는 동물들은 농도가 높다. 이것은 염분을 배설하기 위해 오줌을 누게 되면 수분의 손실이 발생하기 때문이다.

인간의 경우에도 염분 함량이 3.5 %에 달하는 바닷물을 마시면 염분 농도를 낮추기 위해 몸에 있는 수분이 빠져나가게 된다. 따라서 바닷물이 아무리 많아도 이를 마시게 되면 갈증이 더 심해지는 것은 이 때문이다. 물론 오줌을 마시는 행위도 갈증해결에 별 도움을 주지 못하는데, 체액은 0.9 %의 농도이고 오줌은 2.2 %의 농도를 가지기 때문에 이 또한 물의 손실을 가져오기 때문이다. 따라서 마리너의 정수 장치는 분명 탈염장치가 부착되어 있어야 한다.

하지만 모든 동물이 바닷물을 마시면 탈수증세로 고통을 받게 되는 것은 아니다. 검은 갈매기는 부리 위에 붙어 있는 염선을 통해 짠 콧물을 흘리는데, 이를 통해 염분을 배출한다. 이와 같이 염분을 빠른 시간 내에 체외로 배설할 수 있는 대사 구조를 가지고 있다면 바닷물을 마시고도 살 수 있다. 마리너도 아직 염분을 신속하게 배설할 있는 능력을 갖추지 못했기 때문에 자신의 오줌을 간이 정수기를 통해 염분을 제거하고 마신다고 생각할 수 있을 것이다.

워터월드?

세상이 온통 물 천지인 워터월드가 된 것에 대한 정확한 설명은 나오지 않는다. 다만 수백 년 전 조상들의 잘못으로 모든 것이 물에 잠겼다고 한다. 이것으로 미루어 인간들의 무분별한 환경 파괴로 인한 온난화 현상으로 지구의 기온이 올라가 수면이 높아졌기 때문이라는 추측이 가능하다.

세상이 어떻게 되어 물속에 모두 잠긴 것일까? 남극과 북극의 빙하가 모두 녹는다면 가능할까?

지구 전체에는 약 13억 5600만 km^{3}의 물이 존재하며, 이 물은 세 가지 상태로 존재한다. 대부분의 물은 액체 상태로 존재하며 이것은 생물의 생존에 매우 중요하다. 물의 대부분은 바다97.2%에 존재하며, 산꼭대기의 만년설이나 남극의 빙하2.15%, 지하수0.625%, 지표0.017%, 대기 중0.001%의 순으로 존재한다. 2005년 8월 미국 동부를 강타한 허리케인 카트리나는 대기 중의 수증기가 물로 되어 떨어진 것으로 물의 극히 일부분밖에 해당되지 않는 적은 양(?)이지만 이렇게 커다란 피해를 줄 만큼 위력을 가지고 있었다.

지구의 역사를 통틀어 해수면의 높이는 꾸준히 변해 왔다. 빙하기에는 대륙을 빙하들이 차지하면서 해수면이 낮아지게 된다. 빙하가 최대 규모가 되었을 때는 1,000 m가 넘는 빙판들이 대륙을 뒤덮고 있었으며, 이러한 거대한 빙판 때문에 해수면은 지금보다 100 m 정도 낮아졌던 때도 있었다. 그렇다고 해도 지구 탄생 초기를 제외하고는 모든 물이 얼어붙어 버렸다거나 모든 빙하가 녹아버린 적은 없었다. 여하튼 가장 비관적인 환경오염 상황을 가정한다고 하더라도 그린란드와 남극의 빙상들이 모두 녹지는 않는다. 하지만 모두 녹는다고 하더라도 수면의 높이는 겨우 66 m 정도 높아질 뿐이다. 따라서 인간이 어떤 짓을 하던 워터월드는 만들어지지 않는다. 영화에서는 세상이 모두 물에 잠기고 드라이 랜드만 바다 위로 올라와 있다고 묘사되어 있지만 해발고도가 66 m 이상인 땅은 모두 드라이 랜드가 될 수 있다. 하지만 워터월드까지는 아니라 하더라도 해수면이 몇 미터만 높아져도 인류는 대재앙에 직면하게 된다. 상당수의 도시들이 해수면에서 그리 높지 않은 해안가에 위치해 있기 때문이다.

물은 아무것도 모른다

지구상에서 가장 풍부한 것이 물이지만 우리는 물에 대해 너무나 모르고 있다.

에토모 마사루의 『물은 답을 알고 있다』와 같은 책이 베스트셀러가 되는 것을 보면 우리가 얼마나 물에 대한 많은 관심을 가지고 있는지 알 수 있다. 이 책은 물에 대한 다양한 사진을 찍은 것을 저자 나름대로 해석한 에세이 사진첩에 지나지 않는다. 하지만 과학도서로 분류되면서 많은 사람들이 이 책을 과학책으로 오인하고 있고 그 병적인 과학 속으로 빨려 들어가는 안타까운 상황이 우리나라에서 벌어지고 있다대부분의 과학자들은 이 책을 과학도서로 언급할 가치조차 없다고 여기지만 유사과학을 믿는 극히 일부의 과학자들과 많은 독자들은 이 책의 내용을 과학적이라고 믿기도 한다.

물에 대한 관심은 환경이 오염되기 시작하면서 생겨난 것이 아니다. 사실 지구地球라고 부르기 보다는 수구水球라고 부르는 것이 옳을 만큼 지구에는 물이 많다. 이와 같이 물은 가장 흔한 물질이면서도 흔하지 않은 성질을 가지고 있어 오래전부터 철학과 과학의 중요한 탐구 대상이었다.

전 세계에서는 15억 명에 이르는 사람들이 오염된 물을 마시며, 이 때문에 다양한 질병에 시달리고 있다. 해마다 엄청난 양의 생수가 판매되고 있으며, 이 생수병을 세워 놓으면 달까지 35번을 왕복할 만큼이라고 하니 엄청난 양의 식수가 생산되고 소비되고 있다는 것을 알 수 있다. 모든 생명체는 물이 필요하기 때문에 물은 곧 생명이라 여겨지기도 한다. 하지만 물이 생명체에게만 필요한 것은 아니다. 인간의 문명 또한 물에서 생겨나서 물로써 유지된다. 세계 4대 문명이 발상지는 모두 물가에서 생겨났으며, 지금도 발전이나 운송을 위해서는 물과 떨어질 수 없다. 화력 발전이나 원자력 발전의 경우에도 물을 얻지 못하면 발전을 할 수 없다.

마리너는 자신이 오줌을 걸러서 마실 수 있는 장비를 가지고 있다. 거대한 해상 도시인 산호섬에 거주하는 사람들도 빗물을 받는 방식이나 증류를 통해 물을 얻고 있었다. 인간의 생존에 있어 물은 가장 중요한 것이다. 사람은 음식을 먹지 않고는 두 달까지 견딜 수 있지만 물을 마시지 않고서는 사흘을 버티기도 어렵다. 따라서 누구나 마실 수 있는 깨끗한 물을 필요로 한다.

이러한 물은 강에서 정수하여 얻게 되지만, 강수량이 부족해 강이 없는 사막지역에서는 필요한 만큼의 식수를 얻기 어렵다. 따라서 이러한 지역에서는 해수를 담수로 바꾸는 해수담수화시설이나 인공강우를 통해 물 부족 문제를 해결하게 된다.

물 속에서 숨쉬기

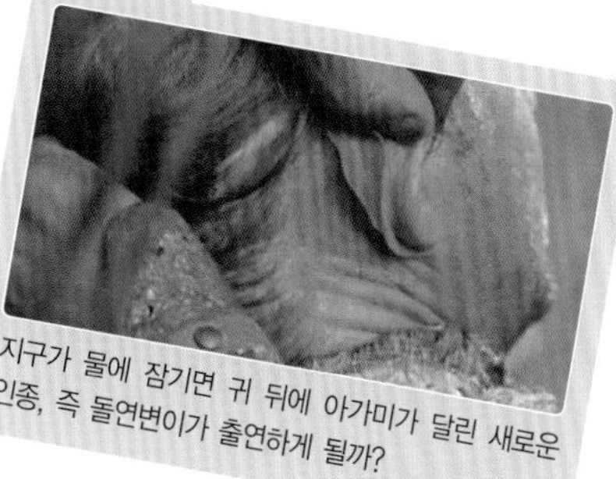

지구가 물에 잠기면 귀 뒤에 아가미가 달린 새로운 인종, 즉 돌연변이가 출연하게 될까?

영화의 배경은 모든 대륙이 물에 잠기고 수백 년이라는 시간이 흘러버린 미래이다. 바다에서 홀로 떠돌아다니며 생활하는 마리너는 아주 특별한 바다 사나이다. 그는 귀 뒤에 아가미가 달려 있는 돌연변이이기 때문이다. 이 때문에 그는 산호섬 주민들에게 붙잡혀 사형당할 뻔하기도 하지만 온통 물밖에 없는 미래의 세상에서 그의 아가미는 생존에 매우 유리하게 작용하는 것은 틀림없는 듯하다.

왜 물고기는 수중에서 숨을 쉴 수 있는데, 사람은 그럴 수 없을까? 물고기뿐만 아니라 모든 생물은 살아가기 위해서 에너지를 필요로 한다. 생물들은 먹이를 소화시키고 이것을 산화시켜서 에너지를 얻는다. 산화를 시킬 때 산소가 필요한데, 이것이 바로 생물들이 호흡을 해야 살아갈 수 있는 이유이다. 호흡을 할 수 없다면 에너지를 얻을 수 없게 되고, 에너지를 얻을 수 없다면 세포들은 죽게 되는 것이다. 파리와 같은 곤충이 숨을 쉴까? 물론 쉰다. 곤충뿐 아니라 땅속의 지렁이나 물속의 물고기나 가재 등 모든 동물이 숨을 쉬며, 식물도 숨을 쉰다. 식물도 광합성을 통해 만든 양분을 호흡을 통해 에너지로 바꾸어 생활에 필요한 에너지로 활용한다. 따라서 식물에게도 호흡은 필수적이다.

그렇다면 물고기는 물속에서 호흡을 할 수 있는데, 사람은 할 수 없는 이유는 무엇일까? 그것은 물고기의 아가미는 물속에서 호흡을 하기에 적당한 구조로 되어 있고, 사람의 폐는 공기 중에서 호흡하기에 알맞게 되어 있기 때문이다. 이는 어떻게 생각하면 당연한 이야기인데, 물속에서는 공기에 비해 3~5 % 정도의 산소밖에 없기 때문에 공기 중에서와 같은 양의 산소를 얻기 위해서는 200배나 많은 물을 들이마셔야 하기 때문이다. 하지만 이렇게 많은 양의 물을 마실 수 없기 때문에 수중에서 호흡하기에 적당한 기관인 아가미를 가지고 있는 것이다.

아가미가 제 기능을 하기 위해서는 충분한 양의 물이 있어야 한다.

즉 물이 없을 경우 아가미끼리 붙어 버려 충분한 산소를 얻을 수 없기 때문이다. 물고기가 물 밖의 충분한 산소가 있는데도 불구하고 질식사하는 것은 이 때문이다. 아가미는 최대한 물에 많이 접촉할 수 있는 구조로 되어 있고, 항상 물이 한 방향으로 흘러 산소가 풍부한 물이 계속 공급된다. 금붕어들이 입을 뻐끔거리는 것도 신선한 물을 아가미로 많이 보내기 위한 일종의 펌프 작용이다. 대부분의 물고기들이 이렇게 펌프 작용을 하지만 참치나 상어와 같은 일부 어류들은 입을 벌리고 계속 헤엄을 침으로써 신선한 물을 계속 아가미로 보낸다. 또한 신선한 물의 흐름과 더러운 피의 흐름이 서로 반대가 되어 산소의 흡수율을 최대한 높여준다.

수중호흡이 동물에게 꼭 불리한 것만은 아니다. 물속에 산소가 부족하기는 하지만 물이 풍부하기 때문에 아가미 표면을 촉촉하게 하는 데 에너지를 낭비할 필요가 없기 때문이다. 산소는 촉촉한 표면이라야 녹아서 흡수될 수 있는데, 우리는 폐를 항상 촉촉하게 하기 위해 수분과 에너지를 사용한다. 유리창에 입김을 불면 뿌옇게 흐려지는 것도 폐 속에서 나오는 공기가 따뜻하고 습기가 많기 때문이다. 다행히 물고기가 온혈동물이 아니기 때문에 체온을 유지하기 위해 많은 에너지가 필요 없기는 하지만 덩치가 크거나 빨리 움직이는 물고기의 경우 호흡에 신경을 많이 써야 한다.

마리너의 아가미 위치는 물고기의 아가미 위치에서 따온 듯하다. 하지만 일반적인 수중 생물의 아가미의 구조를 생각해 보면 마리너는 물속에서 입을 다물고 있어야 하는 것이 아니라 계속 아가미 쪽으로 물을 보내야 한다. 그렇지 않고 단순히 아가미와 물의 접촉에 의해서 산소를 얻는다면 아가미는 별 기능을 발휘하지 못한다. 따라서 마리너는 입으로 물을 들이마시고 아가미 쪽으로 들어온 물을 보낼 수 있는 구조를 갖추고 있어야 한다. 또한 들이마신 물이 폐로 들어가지 않도록 하는 덮개와 같은 구조물도 있어야 한다. 그렇지 않다면 자칫 아가미로 물을 보내다 실수해서 폐로 물이 들어가 버리면 다시는 폐가 제 기능을 못할 수도 있기 때문이다.

물속에 오래 잠수하는 동물의 비결

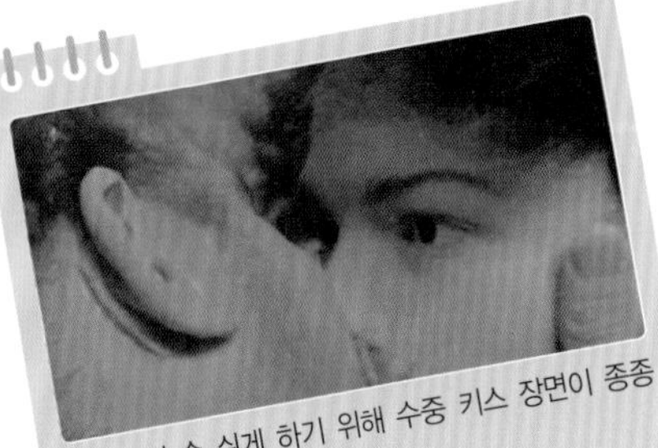
물속에서 숨 쉬게 하기 위해 수중 키스 장면이 종종 등장한다.

사람은 물속으로 들어갈 경우 산소가 부족하기 때문에 숨을 쉴 수 없다. 이는 고래와 같은 수중 포유류나 거북이와 같은 파충류도 마찬가지이다. 따라서 거북이도 물속에서 계속 호흡을 하는 것이 아니라 한 번씩 공기 중으로 나와서 숨을 쉬어야 한다. 5분 이상을 물속에서 견디기 힘든 인간의 능력에 비하면 30분 이상 잠수하는 바다표범이나 고래와 같은 해양 동물의 능력은 놀랍다고 할 수 있다. 하지만 이러한 동물들의 경우에도 폐 속에는 물이 아니라 공기가 들어 있다. 그렇다고 폐 속에 공기를 가득 넣어 다니는 것은 아니다. 폐 속에 공기를 가득 넣기 위해 폐를 부풀리게 되면 부력이 커져서 잠수를 할 수 없을 것이다. 또한 심해로 깊이 잠수하는 고래의 경우에는 압력을 많이 받기 때문에 폐가 상할 수도 있고, 잠수병에 걸릴 수도 있다. 따라서 이들은 잠수할 때 폐 속의 공기를 빼내면서 잠수를 한다. 이들이 이렇게 오래 잠수할 수 있는 것은 이들이 더 많은 산소를 몸에 저장할 수 있는 다른 방법이 있기 때문이다. 우리의 근육 속에는 미오글로빈myoglobin이라는 헤모글로빈hemoglobin과 비슷한 단백질이 있다. 이 미오글로빈은 산소를 저장하는 역할을 하는데, 해양 동물들은 사람보다 훨씬 더 많은 미오글로빈을 가지고 있기 때문에 오랜 시간 잠수가 가능하다. 또한 산소 없이도 근육을 움직일 수 있는 등 산소 소비량을 최소화할 수 있는 능력이 있기 때문이기도 한다.

마리너는 우리의 후손이 아니라 조상?

마리너는 지구가 물에 잠기자 등장하게 되는 우리의 후손으로 묘사되지만 실제는 우리의 조상이었을 가능성이 있다.

마리너와 일행들이 마지막 남은 육지인 드라이 랜드를 발견하고 모두 좋아하지만 마리너만은 그렇지 않다. 그는 육지에 내려서 왠지 불안해 하는 표정을 지으며 자신이 있어야 할 곳은 바다라며 바다로 돌아가 버린다. 마리너는 아가미가 있을 뿐 아니라 발가락 사이가 붙어 있는 등 물속에서 적응하기 적당한 구조로 되어 있었다. 이와 같은 모습에서 마리너는 수중에서 활동하기 적합한 신체 구조를 가졌다는 것을 알 수 있다. 마리너의 이러한 모습을 보며 마치 인간의 먼 조상은 물고기였다는 진화상의 족보를 생각나게 한다.

진화론을 믿는 대부분의 사람들은 육상 동물의 조상이 수중 생물이었다고 믿는다. 즉 물고기에서 양서류, 파충류, 포유류의 순으로 발생했다는 것이다. 또한 인류의 조상은 약 500만 년 전 사바나 초원에서 살다가 원숭이와 갈라져 나와 오늘날의 모습을 갖추었다고 믿는 사람들이 많다. 아직까지는 인류의 조상이 나무에서 내려온 원숭이라는 사바나 가설이 우세하기는 하지만 이 가설에도 문제점이 많기 때문에 인류의 기원이 완벽하게 밝혀진 것은 아니다. 이 중 재미있는 가설이 하나 있는데, 인류의 조상이 나무에서 내려온 것이 아니라 마리너와 같이 물에서 살았다는 이론이다. 이를 수생유인원설aquatic ape theory, AAT이라고 하는데, 1960년 앨리스터 하디A. Hardy가 「인류는 과거에 물속에서 더 많이 지냈을까?」라는 논문에서 주장했다. 당시 이 논문은 동료 과학자들의 관심을 끌지 못했다.

과연 인류의 조상은 사바나가 아니라 물가에서 생활했을까?

여전히 하디가 주장한 수생유인원설은 논란이 많고 대부분의 과학자들에게 인정받지 못하고 있지만 상당히 재미있는 학설임에는 분명하다. 주류 과학자들은 인간의 조상이 나무에서 열매를 따 먹다가 들판으로 내려와 수렵 생활을 하게 되었다고 믿지만, 하디는 한때 인류의 조상이 물가에서 살았다는 것이다. 즉 들판의 사냥꾼이 아니라 해안가에서 마치 물개나 바다사자와 같이 물속과 밖을 번갈아 왕래하면서 살았을지도 모른다는 것이다. 하디의 주장이 힘을 얻기 위해서는 증거가 있어야 한다. 하지만 아직 인류의 조상이 마리너와 같이 물속에 완전히 적응해서 살았다는 하디의 주장을 뒷받침할 수 있는 화석상의 증거는 없다. 이것이 하디이론의 가장 큰 단점이다. 이에 대해 하디는 생활터전이 물가인 경우 화석이 남기 어렵고 해안선의 변화가 심했기 때문에 화석을 발견하기 쉽지 않기 때문이라고 주장한다.

아직까지 결정적인 증거가 없기는 하지만 하디의 주장을 뒷받침할 재미있는 근거들은 많다. 첫 번째로 인류의 수영 능력이 어떤 포유동물보다 뛰어나다는 것이다. 별도의 수영을 배우지 않아도 동물들은 개헤엄과 같이 본능적으로 수영할 수 있는 능력이 있지만, 사람은 수영을 배우지 않을 경우 물에 빠져 죽는 경우도 많다. 인어공주에게 불행을 가져다준 왕자도 수영을 잘 못했기 때문에 공주에 의해 구출되었다는 것 등을 생각해 보면 동물이 더 뛰어난 수영실력을 가졌다고 할지도 모르겠다. 하지만 이것은 수생유인원에서 들판의 사냥꾼으로 생활방식이 바뀌었기 때문에 수영능력을 잃어버렸기 때문이다. 막 태어난 아기의 경우 물에 대한 두려움이 전혀 없으며 뛰어난 수영실력을 보인다. 인간과 가까운 다른 유인원의 경우 이러한 능력을 가진 동물이 없다. 또한 수영을 익히고 나면 돌고래 같은 수생 포유류를 제외하면 인간만큼 뛰어난 잠수 실력과 자유로운 수중 활동력을 보이는 동물은 없다.

인간은 다른 어떤 포유동물보다 수영을 잘한다.

두 번째로 수영에 적합한 신체 구조를 들 수 있다. 인간을 '털이 없는 원숭이'라고 부르는 데서 알 수 있듯이 인간은 다른 영장류에 비해 털이 없는 신체를 가지고 있다. 털이 없는 신체는 저항을 적게 받기 때문에 물속에서는 더 활동하기 좋다. 인간의 피부에는 다른 영장류와 달리 피하지방을 가지고 있다. 이는 열 손실이 많은 수중에서 체온 관리를 하기 위해 꼭 필요한 것이다. 대부분의 수중 포유류들이 두꺼운 피하지방층을 가지고 있는 것은 바로 이 때문이다. 또한 10 % 정도의 사람이 손가락이나 발가락 사이의 피부가 늘어난 물갈퀴 모양을 하고 있다. 적혈구도 헤모글로빈이 풍부한 해양 포유류의 혈액과 닮았다. 헤모글로빈이 풍부해야만 산소 저장능력이 뛰어나 잠수시간을 늘릴 수 있다. 잠수반사라고 하여 인간은 얼굴에 물이 닿으면 호흡과 맥박수가 떨어져 몸이 잠수에 적합하게 바뀐다.

수생유인원설이 발표될 당시보다는 많은 지지자들도 생기고 주장에 힘을 얻고 있는 것은 사실이지만 아직까지는 주류 과학으로 편입되지는 못했다. 하지만 이 가설이 옳다면 인어공주 같은 인어의 모습이나 마리너와 같은 모습을 한 사람이 우리의 조상이었을지도 모르는 것이다.

투모로우

The Day After Tomorrow, 2004

2004년 여름 극장가를 시원하게 얼려 버린 영화 〈투모로우〉. 이 영화는 역설적이지만 산업의 발달에 의해 발생한 지구 온난화 현상에 의해 빙하기가 들이닥치게 된다는 주장을 한다. 에머리히 감독은 이러한 자연의 힘 앞에 한없이 약해 보이는 인간들의 모습을 그리고 있다. 그는 이 영화에서 자신의 이전 영화인 〈인디펜던스 데이〉에서와 같이 전투기를 타고 외계인의 우주선을 공격하던 위대한 영웅의 모습을 보여주기는커녕 갑자기 들이닥친 추위 속에 갇혀 얼어 죽는 초라한 모습의 대통령을 보여줄 뿐이다. 또한 추위를 피해 대피하는 미국인을 받아주는 멕시코에 감사의 인사를 전하는 부통령의 모습 속에 이전의 거만한 미국의 모습은 볼 수 없다. 이와 같이 에머리히 감독은 영웅들이 아니라 재난 앞에 힘없이 던져진 사람들의 가족애와 동료애를 통해 드라마적인 구성으로 영화를 만들었다.

〈투모로우〉의 내용은 진실일까?

홀 박사는 온실효과로 인해 극지방의 빙원이 곧 사라질 것이라고 겁을 주고 있다. 하지만 무식한 것이 용감하다고, 미국의 부통령은 이에 전혀 아랑곳하지 않고 있다.

결과적으로 부시 대통령이 재선에 성공하기는 했지만, 〈투모로우〉가 개봉되었을 당시 부시 행정부는 무척 난감했다. 그것은 영화 속에서 과학에 대해 무지함을 드러냈던 정치인의 모습이 사실은 딕 체니 부통령을 모델로 한 인상을 줬기 때문이다. 또한 부시 행정부가 환경문제에 소홀하다는 평을 듣고 있었기 때문에 환경오염에 의해 빙하기가 찾아온다는 이 영화가 대선에 좋지 않은 영향을 줄 수 있었기 때문이다.

영화 속에서 기상학자인 잭 홀 데니스 퀘이드 분 박사는 인도 뉴델리에서 열린 국제회의에서 지구 온난화로 인해 기상이변이 일어날 수 있음을 경고한다. 하지만 미국의 부통령은 안이하고 무지한 태도를 보이며 홀 박사의 주장을 일축해 버린다. 이와 같은 부통령의 모습은 기업의 이익을 위해 환경문제를 뒷전으로 미뤄 버린 많은 기업과 정부의 모습을 대표하고 있다. 이 영화가 개봉되자 많은 환경단체들의 열렬한 지지를 받았다. 많은 기상학자와 해양학자들이 영화 속의 모습이 허구는 아니라고 영화 편을 들어줬다. 또한 언론에서도 환경문제의 심각성에 대해서 이야기를 할 때 이 영화의 장면을 이용하는 등 지구 온난화의 심각성에 경종을 울리는 데 성공한 듯 보인다. 정작 중요한 것은 많은 사람들의 지적과 같이 영화 속의 장면이 가능한가 그렇지 않은가가 아니다.

에머리히 감독이 밝힌 바와 같이 분명 영화 속의 장면들은 영화의 진행을 위해 과장을 했다. 따라서 영화의 시나리오와 같이 온난화에 의해 빙하기가 몰아닥친다고 하더라도 영화와 같이 빠른 기후 변화는 발생하지 않는다. 또한 영화 속의 이론이 옳은지도 아직 알 수 없다. 온실가스로 인한 온실효과가 해빙을 일으키고 이것이 해류 순환에 영향을 미쳐 빙하기가 올 가능성이 그리 높지 않다는 것이다. 그렇다고 이러한 시나리오가 불가능하다는 것으로 해석해서는 곤란하다.

이 영화를 통해 우리가 심각하게 고민해야 할 것은 빙하기가 올지 그렇지 않을지가 아니라 영화 속의 주장과 같이 이산화탄소 배출에 의해 빙하기가 올지를 물어야 하는 것이다. 분명 빙하기는 다시 오지만 그것이 인류에 의한 것인지 또한 그 영향이 얼마나 큰지가 중요한 문제이기 때문이다.

빙하는 무엇일까?

홀 박사는 기상학자인데, 왜 남극에서 빙하를 시추하고 있는 것일까?

영화의 스케일을 짐작하게 하는 남극의 거대한 빙하 위에서 기상학자인 홀 박사와 그의 동료들이 얼음 시료를 캐고 있는 장면으로 영화는 시작한다. 지질학자도 아닌 기상학자들이 왜 남극의 빙하를 시추하고 있는 것일까?

빙하는 지구 육지 표면의 약 11 %를 덮고 있으며, 빙하라고 하면 남극만 떠올리지만 모든 대륙에서 볼 수 있다. 빙하의 85 %는 남극, 10 %는 그린란드에 분포한다. 빙하는 지구 담수의 75 %를 차지하고 있어, 이것이 모두 녹는다면 해안에 있는 도시는 모두 수몰될 것이다. 빙하는 설선내린 눈이 녹지 않는 고도 이상의 고도에서 오랜 세월 동안 내린 눈이 재결정을 통해 만년설이 되면서 형성된다. 빙하는 그 거대한 힘으로 지표면을 깎아내기 때문에 독특한 빙하지형을 만들어 낸다. 또한 빙하가 흘러내려 오면서 많은 양의 돌과 흙을 운반해 온다. 이때 빙하에 의해 운반된 돌을 미아석이라고 하는데, 그 크기가 수십에서 수백 미터 이상 되는 돌이 운반되기도 한다. 또한 빙하 호수와 U자 계곡, 피요르드 같은 지형도 만들어 낸다.

빙하는 넓은 지역을 덮고 있으면서 50,000 km^2 이상이면 빙상ice sheet이라고 하며 그보다 좁으면 빙모icecap라고 한다. 또한 형태에 따라 대륙 전체를 덮고 있으면 대륙빙하, 골짜기를 채우고 있으면 곡빙하, 넓은 지역에 부채꼴 모양으로 펼쳐져 있으면 산록빙하로 구분하기도 한다. 빙산iceberg이라는 것은 빙상의 일부가 떨어져 나와 바다에 떠다니는 경우를 말한다. 남극대륙 빙하는 평균 2,500 m이고 가장 두꺼운 것은 4,500 m에 달한다.

남극의 빙하가 영화 속에서와 같이 심각하게 무너져 내리고 있을까?

영화에 등장하는 라센 빙하Larsen Ice Shelf는 지금도 계속 붕괴가 일어나고 있어 온도 상승에 의해 빙하가 사라지는 증거로 종종 거론되는 지역이다. 특히, 1995년 라센 A지역이 붕괴되고, B지역의 붕괴가 C지역으로 번지고 있어 영화 속의 장면이 허구는 아니라고 할 수 있다. 하지만 일부 지역의 빙하가 사라지고 있는 것은 사실이지만 이 때문에 해수면 상승을 걱정할 필요는 없다. 오히려 남극의 빙하는 점점 더 커지고 있어, 해수면을 하강시키는 작용을 하고 있다. 이것은 지구의 평균기온이 상승함으로 인해서 더 많은 수증기가 대기 중으로 공급되고 남극에 더 많은 눈이 내렸기 때문이다. 또한 일반적으로 생각하듯이 물에 떠 있는 빙산이 녹는다고 해서 해수면이 상승되는 것은 아니다. 이는 컵 위로 올라오도록 담긴 얼음이 녹는다고 해서 컵의 물이 넘치지 않

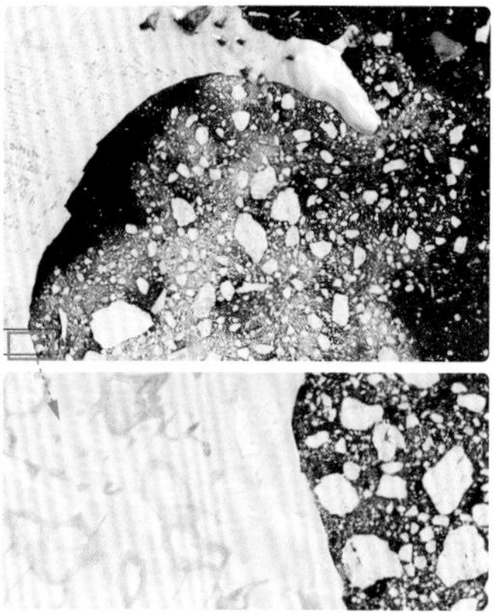
지속적인 붕괴가 일어나 크기가 줄어들고 있는 라센 빙하. 빙하가 녹아서 생긴 연못과 갈라진 틈이 보인다.

는 것과 같은 이치이다. 컵에 담긴 얼음은 녹아서 물이 되면 물에 잠겼던 부피로 되기 때문에 결과적으로 수면 상승효과는 없다. 따라서 바다 위에 떠 있는 유빙의 경우에는 해수면을 높이는 효과가 없다.

해수면을 높일 수 있는 빙하는 남극 대륙이나 그린란드의 육지 위에 있는 빙하들이다. 빙하의 이동속도는 1년에 2 m에서 빠른 것도 4 km 정도밖에 되지 않기 때문에 빙하가 바다로 흘러내리기 위해서는 적어도 수백 년 이상의 시간이 걸린다. 따라서 영화 속의 장면과 같이 빙하가 순식간에 붕괴되고 녹아내리지는 않는다. 물론 빙하의 서지surge 현상이라고 하여 일반적인 빙하 전진 속도의 100배 이상의 빠르기로 빙하가 흐르는 경우도 있기는 하다.

빙하의 분포 면적에 따라 해수면이 상승하고 하강하기도 하지만 다른 요인도 있다. 모든 물질은 온도 상승과 함께 그 부피가 증가하는데, 이는 바닷물도 예외가 아니다. 따라서 지구의 평균기온이 상승하게 되면 해수가 팽창하여 해수면이 상승하기도 한다.

빙산이라고 하면 타이타닉 호를 침몰시킨 것과 같이 배의 항해에 방해가 되는 존재로 생각하겠지만 제2차대전에는 이를 군사적인 목적으로 사용하려는 아이디어도 있었다. 제2차대전 초반 영국은 독일의 잠수함에 의해 많은 피해를 입고 있었다. 이러한 잠수함을 잡기 위해 항공모함에서 비행기를 출격시킬 필요가 있었다. 하지만 항공모함은 건조에 많은 비용이 들었기 때문에 파이크라는 발명가가 빙산을 이용한 빙산 항모를 만들자는 아이디어를 제시했다. 이 아이디어는 처칠의 지지를 받았고, 영국은 이 빙산 항모의 건조를 계획했다. 하박국Habbakuk 호라 불리는 이 빙산 항모는 캐나다에서 소형모형을 만들면서 건조 비용이 철제 선의 건조 비용과 비슷하게 든다는 것이 밝혀지고, 1943년 대잠수함 작전이 성공하면서 건조가 취소되었다.

남극의 빙하를 수자원으로 이용하고자 하는 연구도 있다. 남극 빙하로부터 분리되어 나오는 빙산의 양은 아마존 강을 흘러가는 강물의 절반에 해당하며 이것은 세계가 소비하는 물의 1/3에 해당할 만큼 엄청난 양이다. 또한 북반구의 공업지대에서 멀리 떨어져 있기 때문에 그야말로 순수한 물이 바로 남극의 빙하이다. 이와 같이 엄청난 양의 담수를 사우디아라비아와 같이 물이 부족한 곳에 공급하는 방안이 국제 학술회의에서 여러 차례 발표되기도 했다.

남극 빙하 시추로 무엇을 알아낼까?

홀 박사는 빙하를 시추해서 새로운 지구의 기후 모델을 알아낸다.

남극 대륙이 지금의 위치로 온 것은 1억 년 전이다. 처음에는 다른 대륙과 연결되었지만 3천만 년 전 남아메리카 대륙과 고립되었고, 남극 대륙을 순환하는 환남극해류Circumpolar Antarctic Current가 생겨난다. 환남극해류는 저위도 지방에서 오는 따뜻한 해류를 차단해 남극에 거대한 빙하가 형성되게 된다. 이렇게 형성된 빙하는 지구의 역사를 기록한 채 매년 층을 이루며 쌓인다. 특히 남극 빙하는 다른 대륙과 멀리 떨어져 외부의 영향을 받지 않았으므로 과거 기후를 연구하는 데 좋기 때문에 홀과 그의 동료들이 남극 빙하를 시추하는

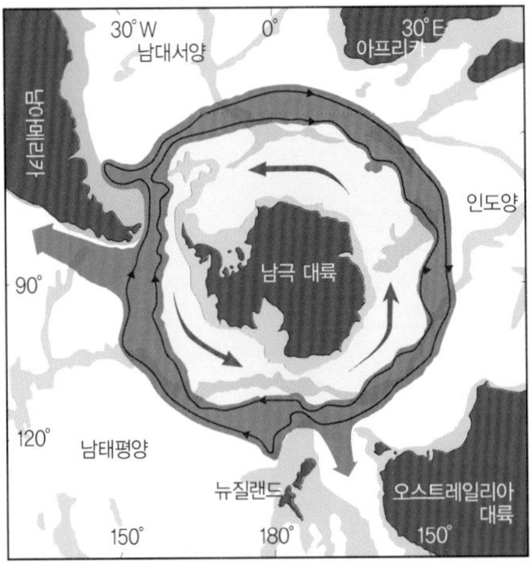

남극 대륙 주변을 순환하는 환남극해류

것이다.

〈투모로우〉에서도 이렇게 과거의 환경을 연구하여 닥쳐올 지구 기후의 위기에 대해 예측하는 데 사용하듯이 빙하 연구는 미래 기후 연구에 중요한 역할을 한다. 빙하는 눈이 오고 난 후 녹지 않고 계속 쌓임으로써 형성된다. 이 눈이 쌓이면서 얼 때 염분이나 꽃가루, 화산재와 같은 것이 포함되기도 하며 중요한 것은 대기 성분이 그대로 기포가 되어 얼어버린다는 것이다. 따라서 빙하를 시추하게 되면 과거 기후의 비밀을 푸는 열쇠가 되며, 이는 미래 기후를 예견하는 데 자료로 쓸 수 있게 된다. 즉, 온실가스의 양과 빙하기의 관계와 같은 것을 알 수 있는 것이다. 이렇게 과학자들은 빙하를 조사하여 과거 수십만 년 전까지 대기 성분과 기온을 알아냈다. 이 결과에 따르면 빙하의 증가와 감소가 이산화탄소 증감의 주기적인 변화와 관계가 있음이 나타났다.

우리나라의 경우에도 퇴적물 속의 미생물과 꽃가루를 연구를 통하여 1만 천년 전에 빙기가 끝났다는 사실을 알아냈다. 빙하기 당시에는 지금보다 해수면이 100 m 정도 낮았었기 때문에 우리나라와 일본은 육지로 연결되어 있었다는 것이다.

빙하기는 어떤 시대였을까?

〈투모로우〉는 지구 온난화 현상에 의해 빙하기가 찾아올 수 있음을 경고하고 있다. 지금은 과거에 빙하기가 있었다는 것을 당연하게 생각하기 때문에 빙하기가 찾아올지도 모른다는 이러한 영화 속의 내용이 이상하지 않다. 하지만 단지 2세기 전만 하더라도 전 세계에 걸쳐 빙하가 분포해 있었다는 것을 믿는 과학자는 거의 없었다.

스위스 출신의 미국 지질학자이자 동물학자인 루이 아가시는 '빙하 시대설'의 체계를 세웠다.

스위스의 젊은 박물학자 루이 아가시Jean Louis Rodolphe Agassiz 또한 그 당시 새롭게 제시되기 시작한 빙하작용에 대한 증거를 믿지 않고 있었다. 오히려 그가 좋아하던 드 샤르팡티에가 믿고 있었던 빙하설이 잘못되었음을 알려주기 위해 연구를 시작하다가 결국 빙하작용을 믿게 된다. 아가시 이전에 베네츠나 샤르팡티에의 발표가 주목을 끌지 못했던 데 반해 아가시는 스위스 자연과학회의 회장이었기에 그의 뉴샤텔Neuchatel 연설은 많은 반향을 불러 일으켰다. 그는 이 연설에서 대륙의 많은 부분이 여름에도 녹지 않는 두꺼운 빙하에 덮혀 있었으며, 많은 생물이 이때 멸종했다고 주장했다. 또한 이 연설에서 아가시는 그의 친구였던 식물학자 칼심퍼가 1년 전에 제시했던 빙하기Eizeit: the Ice Age 라는 말을 사용하였다. 이후 대륙의 넓은 지역이 빙하작용을 받았다는 증거가 점점 쌓여갔고, 조금씩 지지자도 늘어나기 시작했다. 드디어 당시 대지질학자였던 라이엘Charles Lyell의 지지까지도 받기에 이르러 아가시는 세계적인 명성을 얻게 된다.

빙하기라고 하면 가장 먼저 생각하는 동물은 매머드일 것이다. 하지만 매머드는 빙하기 때문이 아니라 다른 요인에 의해 멸종했을 가능성이 더 많다.

빙하기의 주기에 대한 연구는 1920년 구 유고슬라비아의 수학자인 밀류신 밀란코비치Milutin Milankovitch에 의해 그 결실을 맺게 된다. 밀란코비치는 "태양복사에 의해 생기는 열현상에 관한 수학 이론"이라는 책에서 태양복사에너지의 분포량에 따라 지구에 빙하기가 온다는 천문학설을 주장하였다. 즉, 빙하기는 지구 공전 궤도의 이심률의 변화, 자전축의 경사 효과 및 세차 운동에 의해서 지구가 받는 복사에너지의 강도가 달라지기 때문이라는 것이었다.

유고슬라비아의 수학자인 밀란코비치는 빙하기의 주기를 지구 밖에서 찾았다.

46억 년의 지구 역사를 돌아보면 다섯 번의 빙하기가 있었는데, 재미있는 것은 중생대에는 빙하기가 없었다는 것이다. 영화 속에서 이야기하듯이 빙하기는 앞으로 닥쳐오는 것이 아니라 지금도 빙하기에 속한다. 즉 현대는 180만 년 전에 시작된 제5빙하기에 속한다. 우리가 살고 있는 지금은 빙기와 빙기 사이의 비교적 따뜻한 시대인 간빙기에 속한다. 빙하기라고 해서 전지구가 얼음에 덮혀 있었던 것은 아니고 지금보다 겨우 5~10 ℃ 정도 낮았을 뿐이며 적도지역은 지금보다 2 ℃ 정도가 낮아 차이가 고위도보다 더 작았다.

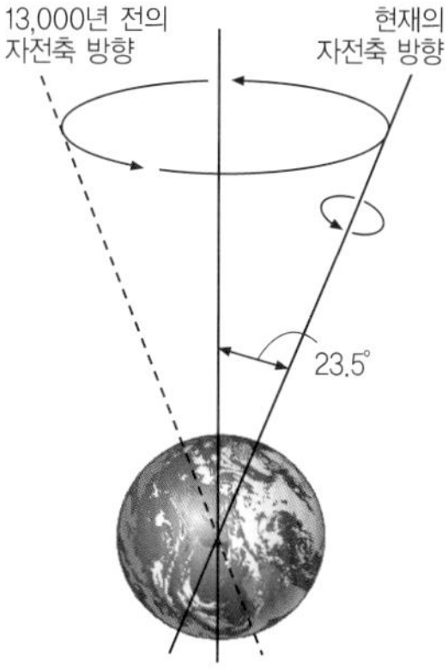

약 13,000년 후에는 계절이 현재와 반대가 된다. 즉 북반구는 근일점에 여름이 되고, 원일점에 겨울이 된다. 따라서 여름은 더 더워지고, 겨울은 더 추워진다.

인간이 있건 없건 빙하기는 다시 찾아올 것이다. 이것은 과거의 기후가 잘 말해주는 역사적인 진실이며, 이를 부정하는 과학자는 없다. 다만 인간이 기후 시스템에 끼어들어 이를 증폭시키거나 앞당길 수 있다는 것이 문제이다. 빙하기가 언제 다가오는지는 인류에게 매우 중대한 문제이다. 왜냐하면 빙하기가 몇 백 년만 늦게 찾아온다면 우리는 큰 피해 없이 이 시기를 버텨 나갈 기술을 가지게 될 것이기 때문이다.

아이러니하게도 영화 속에서는 빙하기가 마치 인류를 멸망시킬 듯이 보이지만 사실은 인류의 문명은 빙하기 덕분에 시작되었다.

인간이 기후 변화의 주범?

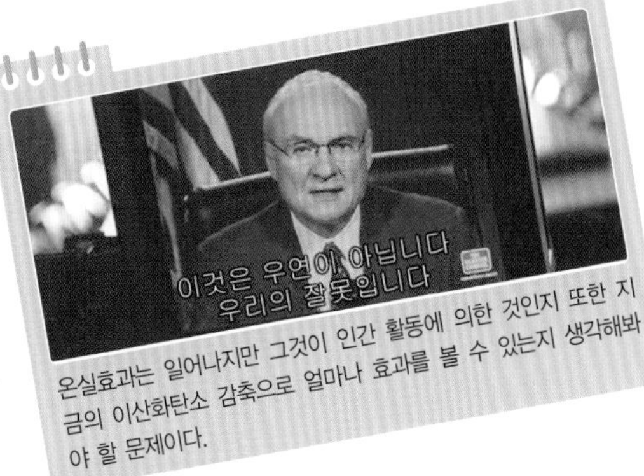

온실효과는 일어나지만 그것이 인간 활동에 의한 것인지 또한 지금의 이산화탄소 감축으로 얼마나 효과를 볼 수 있는지 생각해봐야 할 문제이다.

영화 속의 주장과 같이 우린 기상이변이 생길 때면 어김없이 이산화탄소로 인한 온실효과에 의한 것이라는 상식(?)을 가지고 있다. 이러한 태도는 언론이라고 크게 다르지 않으며, 이러한 언론의 보도를 당연하게 받아들인다. 온실가스를 줄이자고 이야기를 할 때 성공적인 사업사례로 거론되는 것이 바로 몬트리올 의정서에 의한 CFC프레온의 사용규제이다. 오존층을 파괴하는 주범인 CFC의 사용을 억제한 것이 바로 환경운동과 국제적인 협력의 결과로 다들 알고 있을 것이다. 하지만 CFC가 환경운동가들에 의해 문제로 제기된 것은 맞지만 선진국들이 이에 순순히 협조한 것은 대체물질 판매를 통해 또 다른 이익을 남길 수 있었기 때문이었다. 이와는 달리 미국이 이산화탄소의 배출을 억제하자는 교토의정서의 비준을 거부하는 것은 이산화탄소를 줄이기 위한 비용이 적지 않게 들기 때문이다. 또한 2009년 12월에 열린 코펜하겐 기후변화

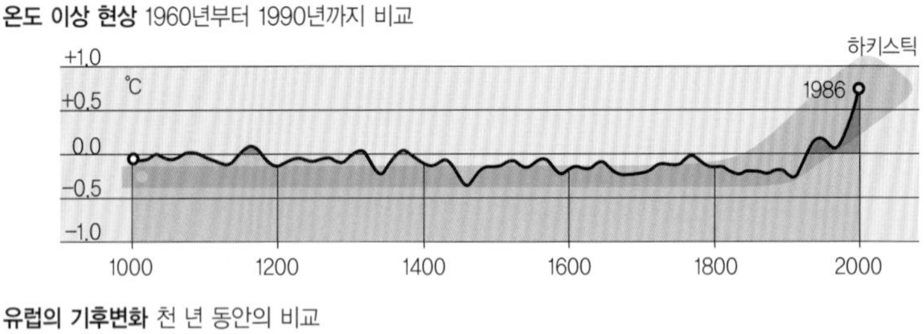

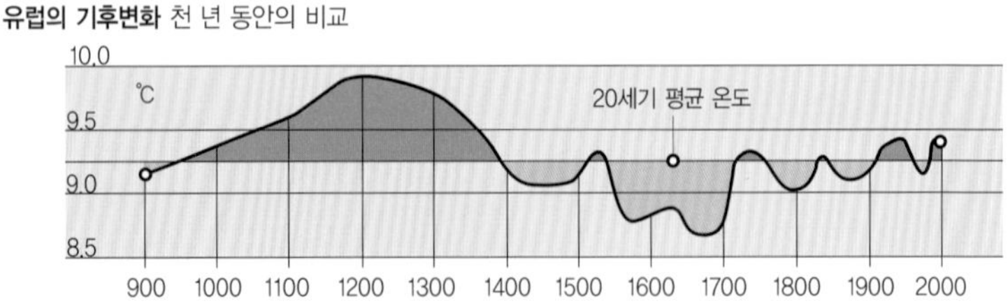

일명 '하키스틱'으로 불리는 IPCC의 온난화 그래프(위)와 온난화회의론자들이 제시하는유럽의 기후변화 그래프(아래). 어떤 그래프를 제시하는지에 따라 온난화가 심각하게 보일수도 있고 그렇지 않게 보이기도 한다.

회의에서도 구속력 없는 '코펜하겐 합의문'만 채택한 채 끝나버렸다. 1997년 교토의정서가 만들어지고 10여 년이 지났지만 여전히 기후변화회의는 속 빈 강정에 지나지 않는 선언문만 낭독하고 있는 것이다. 일부 학자들은 교토의정서나 코펜하겐 합의문이 지켜지기 어려울 뿐만 아니라, 이를 지키기 위해 천문학적인 돈을 지출하더라도 지구의 온도를 낮출 수 있다는 데 의문을 제기하기도 했다.

2010년 1월에는 기상관측 이래 최대의 폭설과 근래 보기 드문 한파가 몰아닥치자 많은 사람들은 이를 두고 기상이변이라고 불렀다. 하지만 기상이변이라는 표현은 이때 처음 나온 말은 아니다. '겨울철 이상고온현상', '3월의 폭설', '4월 무더위' 등의 변덕스러운 날씨가 생길 때마다 등장하는 것이 바로 지구 온난화 현상에 의한 기상이변이라는 말인 것이다. 사람들은 이렇게 많은 기상이변이 일어나는 것은 요즘의 기후가 옛날과 많이 달라졌기 때문이라고 생각한다. 하지만 과학자들의 조사에 의하면 사람들의 생각과는 달리 아직까지는 과거와 비교해 기후가 변했다는 어떠한 확정적인 증거도 발견할 수 없었다고 한다. 즉, 인간들이 배출한 이산화탄소에 의한 온실효과로 기후가 변했다는 뚜렷한 증거가 아직 없다는 것이다. 그렇다면 지구 온난화에 대한 많은 사람들의 걱정은 단순한 기우일 뿐이었다는 말일까? 그것은 분명 아니다. 지난 100년 동안 기온은 0.6℃가 높아졌고 기상이변이 많이 일어나는 것 또한 사실이기 때문이다. 하지만 기상이변은 과거에도 있었고, 미래에도 있을 것이다. 단지 기상이변이 생겼다고 해서 이것이 바로 기후 변화를 의미하는 것은 아니다. 또한 기후 변화가 생기더라도 그것을 무조건 환경오염 탓으로 돌리는 것은 현명한 태도가 아니다. 예를 들어 마치 기상이변의 대명사처럼 되어버린 엘니뇨현상은 인간이 환경오염을 시키기 이전인 이미 수천 년 전부터 남미 연안의 사람들에게 그 존재가 알려져 있었던 친숙한(?) 기상 현상이었다.

온실가스가 없다면 지구는 평균기온이 영하 15 ℃로 떨어져 생물이 살기 어려운 행성이 되었을 것이다. 따라서 온실효과는 지구를 망치고 있는 것이 아니라 지구에 생물이 살 수 있도록 해주는 소중한 현상이기도 하다는 것이다. 그리고 중요한 것은 이산화탄소보다 수증기의 온실효과가 훨씬 더 크다는 점이다. 온실가스와 수증기 사이의 관계는 매우 복잡해서 이 기체가 어떻게 지구 기후에 영향을 주는지에 대한 시뮬레이션을 만들기가 쉽지 않다.

2010년 겨울에 폭설이 내렸을 때 사람들은 기상청이 3시간 앞도 내다보지 못한다고 불만을 터뜨렸다. 그런데 몇 년 뒤의 기후 변화에 대해서는 어떻게 그렇게 맹신할 수 있는지 참으로 의문스럽다. 따라서 지구 온난화를 주장하는 쪽과 이에 반대하는 온난화회의론자의 말에 모두 귀를 열어두는 것이 현명한 것이 아닐까?

해류와 빙하기

홀 박사는 온난화 현상에 의해 빙하가 녹고, 빙하가 녹은 물은 해류의 순환에 영향을 주게 되어 빙하기가 찾아온다

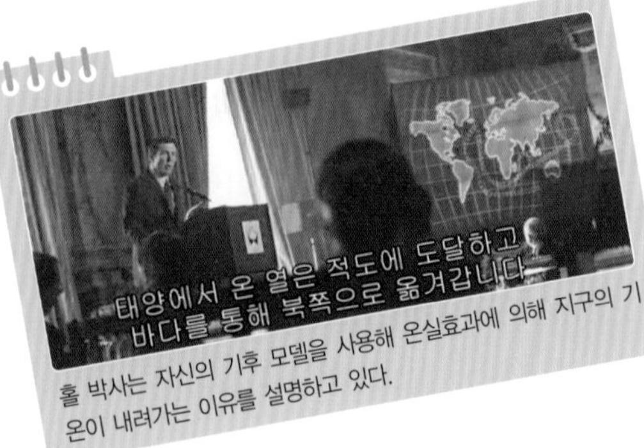

홀 박사는 자신의 기후 모델을 사용해 온실효과에 의해 지구의 기온이 내려가는 이유를 설명하고 있다.

고 주장한다. 영화 속에서 홀 박사도 이렇게 빨리 찾아오게 될 것이라고는 생각하지 못했다고 하는 데서 알 수 있듯이 실제로 이 모델과 같은 현상이 발생하더라도 불과 몇 주 만에 이러한 일이 일어나지는 않는다. 그렇다면 해빙에 의해 빙하기가 찾아온다는 주장을 하는 것일까?

바다에는 밀물과 썰물만 있는 것이 아니라 항상 일정한 방향으로 흐르는 해류가 있다. 해류에는 해저로 흐르는 차가운 심층 해류와 표층을 흐르는 따뜻한 표층 해류가 있는데, 해수가 전 세계의 바다를 돌아 한 번 순환하는 데 2000년 정도의 시간이 걸린다.

표층수는 바닷물 전체의 약 10 %를 차지하며, 바람이나 수온의 영향을 받는다. 또한 전향력에 의해 그 움직임이 영향을 받기 때문에 북반구에서는 시계 방향의 큰 흐름이 생기고 남반구에서는 그 반대의 흐름이 생긴다. 그 대표적인 것이 바로 쿠로시오 해류와 걸프 해류다. 바람이나 수온, 지구 자전에 의해 그 흐름이 결정되는 표층 해류와 달리 심층 해류는 바닷물의 밀도에 의해 결정이 된다. 바닷물의 밀도는 온도와 염분에 의해 결정된다. 이렇게 온도와 염분에 의해 세계의 여러 대양을 이어 흐르는 해류의 순환을 열염분 순환이라고 한다. 이러한 해류의 흐름은 지구의 특정 지역이 지나치게 더워지거나 추워지는 것을 막는 역할을 한다. 마치 보일러에 의해 방 전체가 데워지는 것과 같이 적도지역에서 남는 에너지를 극지방으로 수송함으로써 온도 차이를 줄여주는 역할을 하는 것이다. 즉 열염분 순환이 전 세계의 대양을 순환하며 지구 기온을 조절하는 지구적 대류계의 역할을 한다.

북대서양을 출발한 열염분 대순환은 전체적으로 이어진 순환이기 때문에 어디에서 시작해도 상관없다 표층 해류는 북쪽으로 이동하여 그린란드 남쪽 바다에서 열과 수분을 빼앗기고 심층 해류가 된다. 심층수가 된 후 대서양 서쪽의 깊은 바다를 따라 남극으로 이동하여 환남극해류와 남극 심층수에 가로막혀 인도양으로 흐르게 된다. 일부는 인도양을 가로질러 태평양으로 진입하게 되고 인도양과 태평양에서 심층수는 데워져 다시 표층수가 된다. 따뜻해진 표층수는 남대서양에서 다시 북대서양으로 흘러감으로써 대양대순환은 마치 컨베이어벨트와 같이 계속 이어지게 된다.

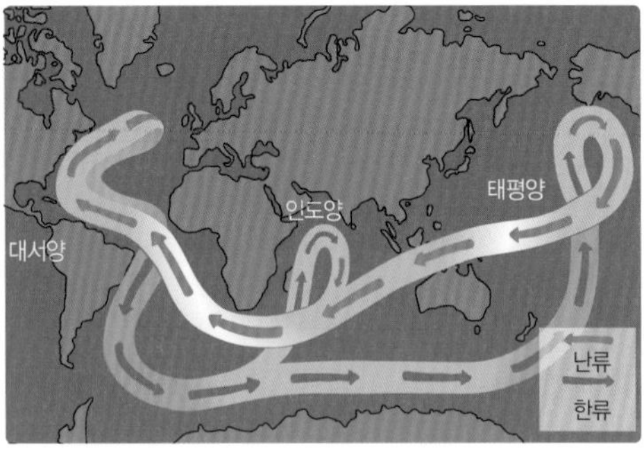

대양대순환. 열염분 대순환에 의해 열이 골고루 분산되어 온도 차이를 줄여준다.

이러한 대양대순환은 기후에 영향을 받고 기후는 대양대순환의 영향을 받기 때문에 〈투모로우〉의 설정이 허구는 아니라는 것이다.

열과 대기는 더운 곳에서 찬 곳으로 이동하면서 오늘과 같은 기후를 만들어 낸다. 영화 속에서의 설정과 같이 만일 극지방의 빙하가 순식간에 녹기 시작한다면 다량의 민물이 북극권에 유입되게 된다면 해류의 흐름을 변화시키거나 멈추게 할지도 모른다는 것이다. 이렇게 되면 심층수의 순환이 가로막혀 적도지방의 더운 바닷물이 극지방으로 오는 것이 막게 된다. 즉 해류의 순환이 영향을 받게 되어 지구의 열과 대기의 순환이 크게 변하게 되는데 영화에서는 북반구의 기온이 크게 떨어지면서 빙하에 뒤덮일 것이라는 주장을 하는 것이다.

〈투모로우〉에서는 지구 온난화 현상에 의해 빙하기가 온다고 이야기를 하지만 기후는 매우 민감하기 때문에 온난화 현상이 어떤 식으로 미래의 기후에 영향을 미치게 될지 판단하는 것은 쉽지 않다. 온난화의 결과로 초간빙기와 같이 더 따뜻해지는 기후가 올 수도 있고, 영화 속에서와 같이 갑자기 빙기가 찾아올 수도 있다. 물론 지구 온난화 현상이 생각만큼 크게 기후에 영향을 주지 않을 수도 있다. 홀 박사의 모델은 기후를 예측하는 데 정확성을 나타내는데, 아직까지 기후를 정확하게 예측할 수 있는 모델은 없다.

코어

The Core, 2003

2003년 4월에 개봉된 존 아미엘 감독의 〈코어〉는 1998년에 개봉된 〈아마겟돈〉과 같은 전형적인 할리우드식 재난 블록버스터이다. 〈아마겟돈〉과 마찬가지로 소수의 선발된 용사들이 지구를 구한다는 줄거리는 다소 식상함을 느끼게 한다. 또한 위기 상황에서 숭고한 희생을 마다하지 않는 대원들의 용기만으로는 관객들을 감동 속으로 몰아넣기에는 다소 역부족이다. 하지만 이 영화는 이전의 재난 영화에서 흔히 다루던 태풍이나 지진과 같은 소재와는 달리 지구의 핵(core)이라는 독특한 소재로 색다른 체험을 할 수 있는 기회를 관객들에게 제공한다. 대부분의 영화들이 단순히 땅 속, 즉 지각으로 떠나는 모험을 그리는 데 비해 이 영화는 지구 중심인 핵까지 들어가는 대범함(?)을 보여주고 있는 것이다. 그렇다면 과연 지구 속은 어떻게 구성되어 있을까?

가까이 하기에는 너무 먼 당신

땅속으로 들어가는 것이 어려울까? 아니면 달로 가는 것이 어려울까?

단순한 허구일 뿐인 판타지와는 달리 SF는 과학을 바탕으로 하기 때문에 실현될 수 있는 잠재적 가능성을 가지고 있어 매력적이다. 신화 속의 다이달로스와 이카루스가 밀랍으로 붙인 날개를 달고 태양까지 가고자 했던 것이나, 쥘 베른Jules Verne의 『달세계 여행 *Autour de la lune*』1865에서 거대한 대포로 달까지 가고자 한 것 모두 황당하기는 마찬가지이다. 하지만 베른의 소설이 신화와 다른 점은 과학적인 상상력을 바탕으로 하고 있다는 것이다. 물론 베른의 소설에서와 같이 거대한 대포로 달까지 갈 수는 없지만 그의 소설을 읽은 소년 고다드는 후일 우주인을 달로 보내게 된다. 베른이 예견했던 우주여행과 해저여행은 실현되었지만, 지저여행은 아직 계획조차 세워지지 못했다.

지각을 뚫는 것도 아니고 외핵까지 뚫어야 하는데, 몇 km 덜 뚫어 보겠다고 바다에서 뚫자고 하는 짐스키. 과연 지구 과학의 권위자인지 의심스럽다.

사실 지구의 내부 구조가 밝혀진 것도 채 100년이 되지 않았으며, 이것도 직접 확인한 것이 아니라 지진파의 연구와 같이 간접적인 방법을 통해 알아낸 것뿐이다. 짐스키스탠리 투치 분의 지구 내부 이론에 대해 동료들이 무시하는 듯한 대사를 하는 이유도 이것 때문이다. 물론 지구 내부를 뚫어 보려고 한 것이 〈코어〉가 처음은 아니다. 모홀 계획Mohole project에 의해 1961년 멕시코 앞바다의 해저를 180 m 시추한 것을 시작으로 조이데스 계획Joides project과 심해굴착계획Deep Sea Drilling Project 등 미국은 주로 해저 시추를 선호했다. 이에 반해 구소련은 육지의 콜라반도를 시추하여 1970년부터 19년 동안 12,262 m를 뚫는 성과를 얻는다. 지각을 뚫을 때는 해양지각이 대륙지각보다 얇기 때문에 영화 속에서도 탐사선 버질 호를 해양에서 투하하는 미국의 전통(?)을 따르는 것으로 보인다. 하지만 지각을 뚫는 것이 아니라 외핵까지 뚫어야 할 경우 2,880 km에 몇 km 더하고 빼다는 것이 무의미할 뿐 아니라, 기상 조건이 좋지 않은 바다에서 탐사선을 투하해야 하는 등 문제점이 더 많다.

지구 내부로의 시추가 어렵기 때문에 〈코어〉에서는 여러 가지 묘책을 제시한다. 첫 번째로 드릴을 사용한 직접시추를 하지 않고 초음파 레이저를 사용한다. 지하로 내려갈수록 압력에 의해 암석의 밀도가 높아지고 단단해지기 때문에 점점 굴착이 어려워지기 때문이다. 하지만, 초음파나 레이저가 물체를 파괴할 수는 있지만 이것은 소량의 물체를 펀칭하거나 절단할 때 사용하는 것이지 거대한 구멍을 뚫기에는 역부족이다. 두 번째로 고열로부터 기기와 탑승자를 보호하기 위해 액체 질소를 사용한다는 것이다. 물론 액체 질소의 온도가 −200 ℃ 정도로 훌륭한 냉각제임에는 틀림이 없겠으나 이것으로는 수천 도가 넘는 지구 내부의 환경을 견뎌내기 어렵다.

지구 자기장이 없어진다면?

지구 자기장이 없어지자 엄청난 번개가 발생해 건물에 피해를 준다.

〈코어〉에서 지구 자기장에 이상이 생기자 비둘기가 방향을 잃고 차와 건물에 뛰어들고, 로마가 번개로 아수라장이 되며, 금문교가 우주선cosmic rays에 의해 파괴되는 장면은 매우 인상적이다. 다이나모 이론Dynamo theory에서는 외핵의 회전에 의해 지구 자기장이 형성된다고 설명한다. 하지만 외핵의 회전 속도는 영화에서와 같이 빠르지 않고 하루에 90 m 정도로 매우 느린 것으로 추정된다.

동물들이 자기장을 감지할 수 있다는 것은 널리 알려져 있다. 심지어 조개나 꿀벌, 박테리아도 자기장을 감지하여 방향을 찾아낸다. 철새의 경우 수천 킬로미터 이상을 길을 잃지 않고 날아가는데 머릿속에 있는 마그네타이트자철광가 중요한 작용을 하는 것으로 알려져 있다. 귀소 본능을 가진 비둘기도 또한 그러하다. 비둘기의 몸에 자석을 붙

철새가 머릿속의 자철광을 이용해 멀리 떨어진 지점까지 이동한다는 것은 널리 알려져 있다. 하지만 짧은 거리의 이동에서는 시각을 이용하기 때문에 자기장의 혼란이 생긴다고 벽에 충돌하는 것은 분명 영화적 과장이다.

여 지구 자기장을 감지하지 못하게 하자 집을 찾지 못했고, 몸에 있는 자석의 극과 반대 방향의 자석을 머리에 붙여 놓자 집과 반대 방향으로 날아갔다고 한다. 이와 같이 동물들의 자기 감각을 바탕으로 영화 속의 장면을 꾸몄겠지만, 새의 경우 시각이 매우 발달해 있기 때문에 자기장에 이상이 생긴다고 해서 벽에 부딪히는 행동 따위는 하지 않는다. 다만 길을 찾는 데 어려움을 느낄 뿐이다. 인간의 경우에도 방향 감각이 없어 소위 길치라고 불리는 사람들은 지구 자기장을 잘 감지하지 못하는 것이라는 재미있는 주장을 하는 경우도 있다.

지구가 하나의 거대한 자석과 같이 행동한다는 것은 엘리자베스 여왕의 주치의였던 길버트William Gilbert가 알아냈다. 먼 거리를 항해하는 배들에게 나침반은 필수적인 것이었는데, 나침반의 움직임에 대한 것을 연구하여 이와 같은 사실을 알아낸 것이다. 하지만 길버트의 생각이나 많은 교과서의 묘사와 같이 지구가 하나의 거대한 막대자석은 아니다. 자북과 자남이 정확하게 일치하지도 않으며 지구 자기는 매우 복잡

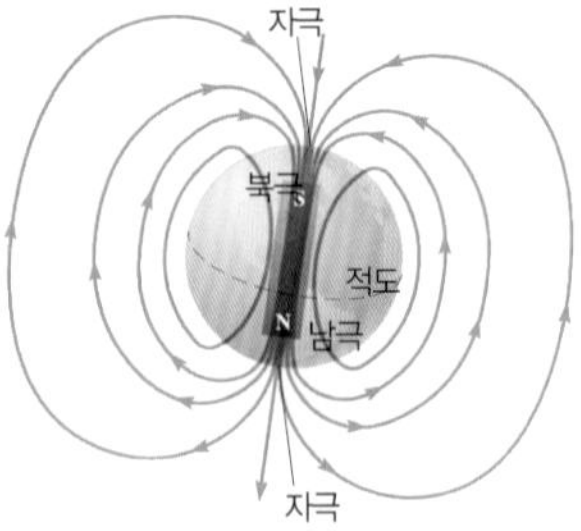

교과서에서 흔히 묘사되는 지구의 자기장 모양이다. 하지만 실제로 지구 자기는 이보다 훨씬 복잡하다.

한 양상을 가지고 있기 때문이다. 무엇보다 중요한 것은 지구의 자기장이 끊임없이 변화하고 있다는 것이다. 과거 360만 년 동안 지구의 자기장은 아홉 번의 극이 바뀌었고, 세기도 계속 변하였지만 아직도 생물들은 번창하고 있다. 따라서 지구 자기장이 사라진다고 해서 생물이 멸종할 것이라는 영화 속 주인공의 주장은 상당히 오버하는 면이 있다고 할 수 있다. 하지만, 지구 자기장이 지상의 생물들을 보호하는 데 큰 역할을 하는 것은 사실이다.

자석의 신비한 힘에 대해서는 일찍부터 사람들에게 알려져 있었으며, 자석을 치료에 사용한 문헌도 어렵지 않게 찾아볼 수 있다. 자기치료 효과를 선전하는 광고 문구에서 자석이 철을 끌어당기기 때문에 헤모글로빈에 포함된 철분도 끌어당긴다고 설명하는 것을 어렵지 않게 볼 수 있다. 하지만 철분이 많이 함유된 시금치나 김이 자석에 붙는다는 주장을 들어 본 적은 있는지? 녹슨 철이 자석에 붙지 않는 것과 같이 헤모글로빈 속의 철도 자석에 붙지 않는다. 자석을 치료에 사용했다고 하는 문헌이 자석 치료가 효과 있다는 근거는 되지 못한다. 갈바니Luigi Galvani의 동물 전기가 생물학적인 현상이 아니라 단순한 물리화학적인 현상임을 볼타가 실험을 통해 입증했지만, 많은 떠돌이 의사들은 전기 치료 시술을 하고 다녔다. 또한 방사선이 처음 발견되었을 때도 그 신비한 성질에 치료효과가 있을 것이라고 믿고 방사선을 쏘이던 사람들이 있었음을 염두에 둘 필요가 있다. 자석이 인체에 어떤 영향을 줄 수 있다고 주장하는 것에는 반대하지 않는다. 하지만 자석 치료가 효과가 있는지에 대해서는 일단 의심을 해 보는 것이 좋지 않을까?

둘리가 찾던 보물성이 지구에?

땅속에는 다이아몬드가 가득한 곳이 있을 것이다. 하지만 너무 깊은 곳에 있기 때문에 마그마가 지상으로 올라올 때 겨우 조금씩 따라 올라온다.

4월의 탄생석이자 영원한 아름다움의 상징 다이아몬드. 2004년 다이아몬드별이 미국의 천문학자들에 의해 발견되자 몇몇 네티즌들이 이 별은 아기공룡 둘리의 작가 김수정씨가 먼저 발견했다고 주장하기도 했었다. 재미있는 것은 〈코어〉에서와 같이 지구 내부로 계속 파내려가면 거대한 다이아몬드 덩어리들을 발견할 수 있을 것이라는 것이다. 다이아몬드의 원래 고향이 바로 지하 500 km 부근의 맨틀이기 때문이다. 다이아몬드가 그렇게 희소한 것도 바로 맨틀과 같은 고온 고압의 환경에서 만들어지기 때문이다. 영화 속에서 용암의 분출을 타고 순식간에 빠져나오듯이 다이아몬드도 지하에서 마그마의 분출과 함께 튀어나온다. 슈퍼맨이 석탄을 가지고 다이아몬드를 만드는 장면이 있는데, 과연 이것이 가능할까? 다이아몬드의 성분이 탄소이기 때문에 석탄뿐만 아니라 원리상으로는 버터나 종이와 같은 모든 유기물을 가지고 다이아몬드를 합성할 수 있다. 심지어 죽은 사람을 화장하고 나온 재를 가지고 다이아몬드를 만들어주는 곳도 있다. 세계에서 생산되는 다이아몬드의 80 %는 인조다이아몬드이며 이는 대부분 공업용으로 사용된다. 슈퍼맨은 보석용 다이아몬드도 쉽게 만들어 내지만 실험실에서는 합성 비용이 너무 많이 들기 때문에 아직은 채굴하는 것이 생산성이 좋다고 한다.

아폴로 13

Apollo 13, 1995

〈아폴로 13〉은 실화를 바탕으로 한 단순한 줄거리 때문에, 다소 황당한 설정과 많은 볼거리를 제공하는 〈아마겟돈〉과 비교한다면 영화라기보다는 다큐멘터리라고 부르는 것이 적당한 영화이다. 하지만 영화의 이러한 사실적인 측면 때문에 오히려 교육적이며, 역사적인 가치를 가진 좋은 영화라고 생각할 수 있다.

달로 인간을 보내는 원대한 아폴로 계획

달로 가기 위해 열심히 훈련을 받았지만 홍역에 걸렸을지도 모른다는 진단에 의해 팀에서 제외된 켄(게리 시나이즈 분). 멀리서 동료들이 우주로 가는 것을 지켜보고 있다.

태양에 가장 가깝게 접근하는 소행성의 이름은 이카루스Icarus이다. 이카루스는 밀납으로 붙여 만든 날개로 태양을 향해 날다가 그만 날개가 떨어져 죽은 그리스 신화의 인물이다. 그의 아버지 다이달로스는 아들에게 태양 가까이 가지 말 것을 경고했지만 비행의 경험에 너무 도취된 이카루스는 아버지의 경고를 잊어버리고 태양에 너무 가까이 접근을 하여 바다에 빠져 죽게 되는 것이다. 다이달로스와 이카루스의 신화에서도 알 수 있듯이 비행또는 우주여행에 대한 인간의 갈망은 그 역사가 길다. 하지만, 우주여행이 과학적인 근거를 가지기 시작한 것은 갈릴레이가 망원경으로 달을 관측하기 시작한 이후로 봐야할 것이다. 그는 그가 만든 망원경으로 달이 그 이전에 사람들이 생각하던 것과 같이 거울처럼 매끄럽기는커녕 온통 울퉁불퉁한 골짜기와 산으로 되어 있다는 것을 발견했다. 비록 과학적인 방법월식 때 그림자를 타고 달로 가는 방법이라고 할 수는 없지만, 케플러는 '솜니움'이라는 SF를 통해 달세계 여

이미 아폴로 11호가 달을 정복했는데, 왜 우주계획에 막대한 예산을 지원하는지 묻는 국회의원에게 짐은 "콜럼버스가 신대륙을 발견하고도 그 후 아무도 찾지 않는다면 어떻게 되겠습니까?"라고 반문한다.

행에 관해 언급을 했다. 그 이후에도 많은 작품이 달세계 여행에 대해 다루고 있었으나, 사람들은 별로 우주여행이 가능하다고 생각하지 않았다. 하지만, 1865년 쥘 베른의 『달세계 여행』이라는 SF가 발표되면서 화려한 우주시대의 서막이 열리게 된다. 물론 쥘 베른이 제시한 달 여행 방법

거대한 대포를 이용해 달로 여행을 떠날 수는 없지만 쥘 베른의 이 작품은 우주시대의 서막을 알리는 작품이다. 위 사진은 이 소설을 바탕으로 한 조지 멜리스의 〈달세계 여행(1902)〉의 한 장면이다.

거대한 대포를 사용한 방법도 가능한 방법은 아니었지만, 꽤나 과학적인 지식들을 바탕으로 쓰여진 작품이었다.

이와 같이 많은 과학자와 과학소설가들에 의해 조성된 분위기는 2차 세계대전 후 양분된 미소 양 진영의 우주개발 경쟁으로 발전되어 갔다. 1957년 소련이 스푸트니크 1호를 발사하여 인간이 만든 최초의 인공 천체, 즉 인공위성이 지구 궤도를 돌게 되면서 우주를 향한 인간의 도전이 본격적으로 시작된다. 소련의 스푸트니크 호의 발사에 대한 미국의 충격은 실로 엄청났다. 이전까지 세계 최고를 자부하던 미국의 자부심에 흠집이 나고 만 것이다. 미국은 자신들의 과학과 우주 정책에 관해 새롭게 반성을 하였고, 케네디 대통령은 국민들에게 60년대 말까지 사람을 달에 보내겠다고 약속을 하였다. 이렇게 하여 인간을 달로 보내기 위한 '아폴로 계획'이 탄생하게 된 것이다. 아폴로 계획에는 2만개 의 회사가 40만 명의 직원과 250억 달러라는 엄청난 예산을 투입하였고, 이 시기에 NASA는 40여 년간의 황금기를 이루게 된다.

10여년 아폴로 계획 동안 2번의 달 궤도 유인 비행과 6회의 달 착륙이 이루어졌다. 386 kg의 월석과 월토 그리고 많은 조사와 자료를 지구로 가져오는 일이 아폴로 계획을 통해 이루어졌다.

목숨을 건 경쟁

영화 초반부에 아폴로 1호의 참사 장면이 잠시 등장하는데, 아폴로 1호는 조종실에 순수한 산소를 사용하였기 때문에 조그만 스파크가 큰 불행을 일으키는 계기가 된다. 이후 우주선 발사 시에는 정상적인 대기를 사용하였다. 또한 이 영화에서와 같이 아폴로 13호의 사고를 겪은 후에는 산소탱크의 결함을 수정하여 아폴로 14호가 발사되었다.

아폴로 1호의 우주인들은 훈련 연습 도중 조종실 화재로 사망했다.

달로 날아가기 전 우주인들의 인터뷰 중 짐은 "햇빛과 그늘의 온도차가 2백도가 넘는 곳을 걷게 되었으니…"라는 이야기를 한다. 지구와 달은 태양으로부터 거의 같은 위치에 있는데, 왜 달만 이렇게 온도차가 많이 나는 것일까? 지구상에 사는 우리들이 흔히 온도라고 할 때는 공

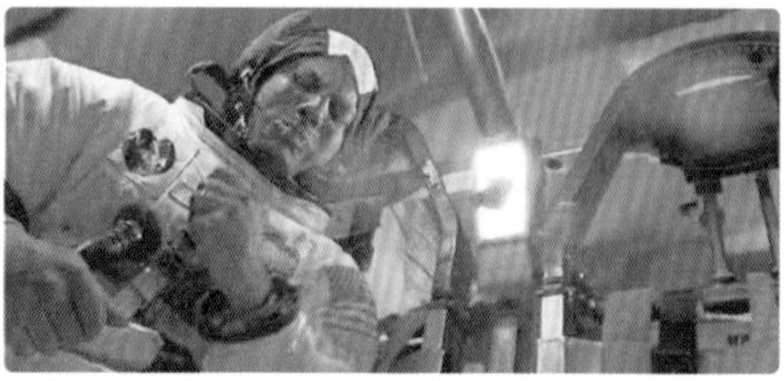

달 착륙선 조종사인 프래드(빌 팩스턴 분)가 우주에서 구토를 하고 있다.

NASA의 무중력 훈련기인 kC-135A. 훈련기가 포물선 궤도를 그리며 하강할 때 비행기 내부는 무중량 상태가 된다.

기의 온도, 즉 기온을 말할 때가 많다. 공기는 태양에서 오는 태양복사에너지에 의해 가열이 되어 온도가 상승하기도 하지만, 이렇게 사용되는 양은 작고, 대부분 지표면에 흡수된 후 다시 방출되는 열에 의해 온도가 높아진다. 그러나 달에는 공기가 없기 때문에 달에서는 기온을 이야기할 수는 없고, 물체에 태양 빛이 비치게 되면 복사에 의해 온도가 순식간에 올라가 버리고, 빛이 도달하지 않으면 순식간에 식어 버리기 때문에 온도 차이가 많이 나게 되는 것이다. 또한 우주선도 한쪽만 뜨거워지는 것을 막기 위해 바비큐 같이 회전을 하는 것이다.

이 영화는 구토혜성Vomit comet이라 불리는 NASA의 훈련기를 사용하여 우주선 내부의 활동 장면을 촬영하였는데, 줄이 끊어진 엘리베이터 속이 무중량 상태가 되는 것과 같은 원리를 이용한 것이다. 영화에서도 구토 장면이 나오지만, 촬영 팀은 이 장면을 촬영하는 동안 구토와 멀미에 시달려야 했다.

캐리비안의 해적 3: 세상의 끝에서

Pirates of The Caribbean: At World's End, 2007

디즈니의 유명한 테마파크를 스크린으로 옮겨 크게 성공한 것이 바로 〈캐리비안의 해적〉 시리즈. 3편도 전편의 성공에 힘입어 조니 뎁과 올랜도 블룸, 키이라 나이틀리가 열연을 하고 있다. 여기에 동양의 스타 주윤발이 중국인 해적 샤오펭으로 등장하면서 영화의 무대가 동서양은 물론 저승까지 넘나들어 흥미를 더해주고 있다. 2편인 〈망자의 함〉은 개봉 48시간 만에 1억 달러라는 흥행기록을 세웠고,

영화사상 세 번째로 10억 달러의 흥행을 기록하기도 했다. 크라켄에게 잡아먹혀 저승으로 간 잭을 구하러 가는 해적들과 함께 화약 연기 가득한 카리브 해와 저승으로 항해를 떠나 보자.

해적들의 낭만?

해적이나 해적에 동조한 사람들이 군인들에게 잡혀 교수형에 처해진다. 해적은 낭만과는 거리가 먼 아주 위험한(?) 직업이었다.

〈캐리비안의 해적〉이 성공을 거둔 이유는 여러 가지가 있겠지만, 해적들의 모험이 반복되는 일상에 갇혀 있는 현대인에게 상당히 매력적으로 비춰졌다는 점을 들 수 있을 것이다. 그렇다면 해적들의 생활은 영화 속에서와 같이 모험이 가득찬 낭만적인 생활이었을까?

해적은 인류가 뗏목으로 항해를 시작하면서부터 등장했을 것이다. 이집트에서는 BC 14세기 키프로스가 해적들의 공격을 받았다고 기록하고 있는 것으로 봐서 이전부터 해적들이 배와 마을을 습격했다는 것을 짐작할 수 있다. 항해를 시작하면서 오늘날까지 해적들은 없어지지 않고 남아 있지만, 해적들의 황금기는 1690년에서 1730년까지의 40년 정도가 고작이다. 〈캐리비안의 해적〉이나 『보물섬』과 같은 소설도 바로 이 시대를 배경으로 하고 있는 것이다.

실제의 해적은 잭 스패로우의 낭만적이거나 여유 있는 생활과 거리가 멀었다. 낭만은커녕 매우 위험하고 비참한 생활을 하는 경우가 더 많았다. 해적 생활이 매우 위험하기는 했지만 일반 시민들이나 선원들은 자신의 비극적인 삶에서 탈출하기 위한 방안으로 해적의 길을 선택하는 경우가 많았다. 또한 계급사회 속에서 신분의 벽을 뛰어넘기 위한 방안으로 해적이 되기도 했으며, 사략선 선원들이 해적으로 바뀌는 경우도 많았다. 17세기에는 정부의 묵인 하에 적국의 배를 약탈하는 사략선이 많았다. 〈캐리비안의 해적〉에서 영국 해군들도 오로지 돈에 목숨을 거는 모습을 엿볼 수 있는데, 적국의 사략선은 해적선과 크게 다르지 않았다고 할 수 있다.

해적이 되면 육지의 비참한 생활에서 탈출하여 운이 좋다면 빠르게 부를 축적할 수 있었지만 대부분은 오히려 자신의 수명을 단축하는 결과를 가져왔다. 해적들은 잭처럼 계속 모험을 떠나는 행운을 누리는 경우보다는 1편과 3편의 시작에서와 같이 잔인하게 처형되어 최후를 맞이하는 경우가 더 많았다. 정부에서는 해적을 소탕하기 위해 해적들을 잔인하게 처형하여 사람들에게 본보기를 보였던 것이다. 군인들에게 잡혀 죽지 않는다면 멍청이 해적 듀오 핀텔과 라게티의 누렇게 썩은 이에서 볼 수 있듯이 좋지 못한 영양 상태나 오염된 식수와 음식으로 인해 질병으로 죽었다. 물론 전투 도중의 부상으로 죽는 경우도 많았다.

소설이나 영화 속 이야기에서는 유명한 해적 선장이 엄청난 보물을 숨겨 두었다는 이야기가 흔히 등장한다. 하지만 실제 해적들은 보물을 숨기기보다는 돈이 생기면 대부분 흥청망청 써버렸다. 해적들은 낭만적인 생활을 했다기보다는 비열과 배반이 일상적이었으며, 매우 잔인했다. 해적들은 자신들에게 저항한 배의 선원을 잔인하게 고문하거나 죽였으며 마을을 습격해 사람들을 마구 죽이는 일을 서슴지 않았다. 소설 속에서와 같이 판자 끝으로 걸어가서 바다에 뛰어내리게 한다는 이야기는 역사 속 어디에도 기록으로 남아있지 않다. 지금 남중국해나 소말리아 등지에 남아 있는 해적들에게서 낭만을 찾는다는 것이 웃기는 이야기이듯이 당시 해적들도 이들과 마찬가지였다.

이러한 해적들의 생활을 매력적으로 그려내고 독자들에게 꿈을 심어준 것은 로버트 루이스 스티븐슨의 『보물섬』이라는 소설의 영향이 클 것이다. 스티븐슨의 『보물섬』은 너무나 인기를 끌어 많은 아류작과 함께 영화와 만화 등으로 끊임없이 해적에 대한 환상을 재창조하는 데 기여한다. 보물과 외다리, 애꾸눈, 앵무새, 보물지도와 같은 것들이 바로 스티븐슨의 소설 속에 등장하는 것들이며, 이 영화도 이 틀에서 자유롭지 못하다는 것을 알 수 있다.

해적의 생활에 대한 환상을 심어준 스티븐슨의 소설 『보물섬』

실제 해적들의 생활이 영화 속 주인공들과 다르기는 했지만 분명 카리브 해의 해적들은 실존했다. 카리브 해에 유럽 출신의 해적들이 활동할 수 있었던 것은 아이러니하게도 과학기술에 힘입은 항해술의 발달 덕분이다.

잭을 잡아먹은 크라켄

〈캐리비안의 해적 2: 망자의 함〉에서 유령선 '플라잉 더치맨' 호의

거대한 괴물인 크라켄이 해변에 죽은 채로 있다. 과연 크라켄은 존재할까?

선장 데비 존스는 심해의 괴물 크라켄Kraken에게 잭을 잡아먹게 한다. 데비 존스가 바다에 북을 울리면 크라켄이 깨어나 배를 공격했다. 크라켄의 이야기는 이 영화에서 처음 등장하는 것이 아니라 노르웨이 선원들 사이에 전설처럼 전해져 오는 이야기이다. 그렇다면 크라켄이 전설 속의 이야기일 뿐일까?

영화 속에 등장하는 바다 괴물 크라켄의 모습은 거대 왕문어처럼 보이지만 전설에 따르면 크라켄은 거대한 바다 오징어라고 알려져 있다. 즉 '대왕오징어Giant Squid'인 것이다. 크라켄의 모습을 최초로 묘사한 것은 그리스 철학자인 아리스토텔레스로 그는 거대한 오징어가 마을에 나타나서 연못으로 기어 들어갔다고 이야기했다. 1555년 매그너스 대주교가 크라켄에 대해 묘사를 하고 있으며, 1755년 박물학자 포토피단도 크라켄에 대해 이야기하고 있다. 이러한 이야기에 따르면 크라켄은 몸 둘레가 2.4 km나 되는 거대한 괴물로 생물체라기보다는 작은 섬처럼 보인다. 노르웨이 선원들 사이에서 전해져 오는 전설인 크라켄이 세계적으로 유명하게 된 것은 쥘 베른의 『해저 2만 리』에 등장하면서이다. 고래보다 훨씬 큰 대왕오징어가 노틸러스 호를 공격하는 모습이 너무 인상적이기 때문에 이후 크라켄은 바다 괴물의 대명사처럼 된 것이다. 이렇게 전설처럼 이야기 속에 등장하는 크라켄의 정체가 바로 대왕오징어일 것이라고 학자들은 추측한다. 전설 속에서와 같이 2.4

km나 되지는 않지만 심해에 사는 대왕오징어는 길이 10 m가 넘는 것도 많다. 지금까지 발견된 가장 큰 대왕오징어는 길이 18 m로 해안에서 죽은 채로 발견됐다. 심해에 살고 있어 살아 있는 상태로 잡기가 어려워 아직까지 생태에 대해 알려진 것이 별로 없다. 2004년 일본 과학자들이 살아 있는 대왕오징어 사진을 찍은 것이 있는 정도이다.

섬처럼 거대한 것은 아니지만 고래에게 상처를 입힐 정도로 거대한 오징어가 분명 존재한다. 하지만 깊은 바닷속에는 대왕오징어보다 더 큰 오징어나 생명체가 있을지도 모를 일이다.

세상의 끝으로 항해하기

크라켄에게 잡아먹힌 잭을 구하기 위해 엘리자벳 일행은 세상의 끝으로 항해를 시작한다. 영화 속 인물들이 세상의 끝을 두렵게 생각하듯 대항해 시대가 열리기 직전 유럽의 선원들에게도 세상의 끝은 두려움의 장소였다. 세상의 끝으로 가기 위한 해도가 없었기 때문이기도 하지만 아리스토텔레스 시대부터 전해져 내려온 미신이 선원들 사이에 널리 퍼져 있었기 때문이었다. 당시 선원들은 남쪽 지방이 태양과 가까워 바다가 끓고 있을 것이라 생각했다영화에서는 빙하가 떠다니는 곳으로 묘사되고 있다. 또한 잭이 있었던 죽음의 장소와 같이 거대한 소금 바다가 있다거나 거대한 자석의 산이 있어 근처를 지나가는 배의 못이 다 빠져 침몰할 것이라는 등의 미신이 성행했던 것이다. 당시 선원들은 해안선을 따라 남하하면 어느 순간 자신의 길잡이가 되던 북극성이 사라진다는 사실을 알고 있었기 때문에 뛰어난 항해술을 가진 용감한 선원

대양 항해를 위해 크로노미터는 필수적이다.

이라도 쉽게 대양 항해를 할 용기를 내지 못했다.

엘리자벳 일행이 세상의 끝으로 가기 위해 지도가 꼭 필요하다고 했지만 항해를 하기 위해서는 정확한 지도뿐 아니라 나침반과 시계도 필요하다. 시계가 필요한 이유는 배의 속도를 알더라도 경과 시간을 모르면 이동거리를 계산할 수 없기 때문이다. 콜럼버스와 같이 부정확한 지도 덕분에 오히려 행운을 누리는 경우도 있었지만 대부분의 경우에는 목숨을 건지기도 어려웠다. 대항해 시대에 정확한 해상시계크로노미터가 없어 많은 배가 엉뚱한 곳으로 항해를 하거나 운이 없는 배는 침몰하는 경우도 많았다.

1707년 영국의 셔벌 제독이 이끄는 함대가 부정확한 항해술 때문에 제독을 포함해 2,000명이나 되는 목숨이 바닷속으로 사라지는 영국 해군상 최대의 참사가 발생했다. 이 때문에 영국정부는 경도위원회를 조직하고 정확한 시계를 만드는 자에게 2만 파운드의 상금을 걸었던 것이다. 포상금 때문에 천체의 위치를 정확하게 측정할 수 있는 사분의와 해상시계인 크로노미터가 발명되었다. 물론 이러한 발명품 덕분에 항해술이 많이 정확해지긴 했지만 셔벌 제독이 이끈 영국 함대의 참사의 진짜 이유는 부정확한 해도와 나침반 때문이었다.

항해를 위해서는 해도가 꼭 필요하다. 잭을 구하기 위해서도 세상의 끝으로 가는 지도가 필요하다. 물론 지도가 있다고 저승으로 갔다 올 수는 없다.

만약 셔벌에게도 잭과 같이 원하는 곳의 방향을 알려주는 마법의 나침반이 있었다면 이러한 참사를 면했을지도 모른다. 일반적인 나침반이 단지 북쪽을 알려주는 것과 달리 잭의 나침반은 원하는 물건이 있는 방향을 알려주는 것이다. 이러한 잭의 나침반은 내비게이션이 등장한 오늘날의 기술로 본다면 특별한 물건이 아니지만 과거에는 분명 매우 중요한 물건이었다.

위대한 문호 빅토르 위고는 "나침반은 선박의 영혼이다."라는 말로 항해에서 나침반의 중요성을 이야기했다. 또한 실제로도 나침반은 배에서 가장 중요한 물건으로 이를 손상한 선원은 기둥에 단검으로 손을 찍어 두는 잔인한 형벌을 받았을 정도로 항해에서 꼭 필요한 물건이었다.

지도가 있다면 나침반으로 방향을 정확하게 알아야 한다. 그리고 배의 속도와 위치도 알아야 항해를 할 수 있다.

자석이 북쪽을 가리키는 이유는 지구가 하나의 거대한 자석이기 때문이지만, 그렇다고 교과서에 흔히 그려진 것과 같이 거대한 막대자석은 아니다. 지구의 자기장은 계속 크기와 방향이 바뀌기 때문에 나침반으로 항해를 할 때는 항상 이를 고려해야 한다. 지구 자기장이 계속 바뀌는 이유는 정확하게 알려져 있지 않지만 지금도 계속 바뀌고 있다. 지구 자기장의 세기가 줄어들어 '0'이 되면 많은 생물이 멸종할 것이라고 주장하는 이들도 있지만 과거에도 이러한 현상이 반복적으로 있었기 때문에 생물의 대멸종이 있을 것 같지는 않다.

흔히 나침반이 북극을 가리킨다고 하지만 정확하게는 북극이 아니라 자기북극이다. 북극과 자기북극이 일치하지 않아 생기는 북극과 자기북극 사이의 차이를 편각이라고 하는데, 이 각도는 경도에 따라 달라진다. 또한 지구 자기가 끊임없이 변하고 있기 때문에 시간에 따라서도 자기편차 값은 달라진다. 따라서 항해시에는 이러한 자기편차 값을 고려해야 한다. 다방면에 걸쳐 박학했던 에드먼드 핼리는 셔벌 제독의 항해 몇 년 전에 이미 영국 해협의 자기편차 값이 변했다고 지적하기도 했다.

배를 뒤집을 수 있을까?

배를 뒤집는다는 발상이 놀랍기만 하다. 공명 현상을 이용해 배를 뒤집기는 했지만 실제 배는 흔들림에서도 안정성을 유지하도록 만들어져 있다.

저승으로 간 잭을 구하기 위해 엘리자벳 일행은 세상의 끝으로 항해한다. 그곳에서 잭을 만나긴 했지만 그곳을 탈출할 방법이 없다. 잭은 곰곰이 생각을 한 후 갑판 위에서 좌우로 열심히 뛰어서 배를 뒤집는다. 즉 저승에서 탈출하는 것은 배를 뒤집어 위와 아래를 반대로 만들어야 했던 것이다. 그렇다면 과연 갑판 위에서 좌우로 뛰어다니면 배를 뒤집을 수 있을까?

배를 물 위에 뜨게 하는 힘은 부력이다. 따라서 배를 물 위에 뜨게 하는 데는 다른 힘의 고려 없이 부력만 생각하면 된다. 하지만 배는 물에 뜨는 것만 중요한 것이 아니라 기울어져 쓰러지지 않아야 한다. 파도에 의해 배가 기울어진다면 배는 전복되고 말 것이다. 흔들의자와 같이 파도에 의해 배가 흔들리더라도 배가 쓰러지지 않고 바른 자세를 유지할 수 있는 복원성이 있어야 한다. 배의 복원성을 따져 보기 위해 부력과 함께 중력을 고려해야 한다. 부력은 수면 쪽으로 작용하며, 중력은 지구 중심 방향으로 작용한다. 잔잔한 수면에 떠 있는 배의 경우 부력과 중력이 서로 일직선상에 있게 된다. 이때 배가 파도나 바람에 의해 기울어지게 되면 부력은 더 이상 일직선상에 있지 않게 되어 두 힘에 의한 회전력이 발생하게 된다. 이 회전력이 배를 원래의 상태로 돌아가게 하는 힘일 경우 안정된 배라고 할 수 있으며, 그렇지 못할 경우 불안정한 배가 된다.

배가 안정되기 위해서는 무게 중심을 낮추고, 배의 폭을 넓게 만들면 된다. 따라서 배를 안정되게 하기 위해 무거운 물건들은 배 아래쪽에 싣는 것이다. 카누가 구명보트보다 잘 뒤집어지는 것은 배의 폭이 좁기 때문이다. 배의 폭이 넓어지면 안정되기는 하지만 물의 저항을 많이 받아 속력이 느려지기 때문에 배의 목적에 따라 배의 모양은 조금씩 달라지게 된다.

블랙펄 호가 저승에서 탈출할 때 잭과 일행들이 열심히 배를 흔들어야 겨우 전복시킬 수 있었던 것은 배를 설계할 때 이러한 흔들림에도 원래의 자세를 유지할 수 있게 고려했기 때문이다. 하지만 블랙펄 호가 몇 명의 선원이 갑판에서 열심히 뛰어다닌다고 쉽게 뒤집어지는 배라면 항해 도중 파도에 의해 벌써 침몰했을 것이다. 물론 약한 힘이라도 진동 주기와 동일하게 작용시킨다면, 즉 공명 현상을 이용한다면 배를 뒤집을 수 있을 것이라고 생각할 수도 있다. 하지만 바다에는 이들이 흔드는 힘만 존재하는 것이 아니라 파도와 같은 다른 힘이 존재하기 때문에 진동 주기에 맞춰서 흔드는 일이 매우 어렵다. 물론 진동 주기에 정확하게 맞춰서 흔든다면 결국 배를 뒤집을 수는 있을 것이다.

해상 전투 방식을 바꾼 대포

배 옆에 구멍을 내고 대포를 장착하는 방법으로 인해 더 많은 대포를 설치하고도 배는 안정성을 유지할 수 있었다.

〈캐리비안의 해적〉에는 여러 가지 볼거리가 등장하지만 그 중에서도 블랙펄 호와 플라잉 더치맨 호의 전투 장면은 가히 일품이라고 할 수 있다. 수중에서 올라와 포문을 열고 적선을 향해 불을 뿜어대는 플라잉 더치맨 호는 가히 대적할 함선이 없는 무적의 전함이었다.

베켓 경이 데비 존스의 심장으로 플라잉 더치맨을 마음대로 부리려고 한 것 같이, 강한 전함이 있어야 대양을 손에 넣고 해양강국이 될 것이라고 생각한 왕이 있었다. 그는 엘리자베스 1세의 아버지인 헨리 8세로 영국이 스페인과 포르투갈의 틈 속에서 해상강국으로 발돋움하기 위해서는 많은 대포로 무장한 강력한 전함이 있어야 한다고 했다. 영화 속의 플라잉 더치맨을 보면서 당연히 대포는 갑판 아래 있어야 한다고 생각하겠지만 스페인의 무적함대가 대양을 누비고 있을 당시에는 그런 생각을 가진 사람은 거의 없었다. 당시 조선기술자라면 누구나 배 위에 많은 대포를 올리면 배가 불안정해진다는 것을 알고 있었다. 즉 배는 무게 중심과 부력 중심이 있는데, 갑판에 무거운 대포가 있게 되면 무게 중심이 높아져 배가 조금만 흔들려도 전복되기 때문에 이러한 배는 만들 수가 없었던 것이다.

헨리 8세는 대포를 갑판 위에 두어야 한다는 생각을 버리고 갑판 아래에 장착하고 방수용 포문을 장치한 전함을 만들었다. 헨리 8세의 이러한 노력은 엘리자베스 여왕에 이르러 영국이 해상강국이 되는 데 밑거름이 된다. 드레이크 경 영국에서는 국민적 영웅이지만 스페인의 입장에서 보면 그는 분명 해적이다이 이끈 영국 함대는 수적인 열세에도 불구하고 스페인 필립 2세의 무적함대를 대파할 수 있었던 것이 바로 영국 전함의 우수성에 있었던 것이다. 즉 스페인 전함은 해상백병전을 치루기에 적합하였지만 영국 전함은 긴 사정거리의 함포로 무장하고 신속하게 움직이며 스페인 전함의 접근을 허락하지 않았다. 결국 무적함대는 힘도 제대로 써보지 못하고 심각한 피해를 입고 퇴각하다가 때마침 불어온 폭풍으로 많은 전함들이 수장되는 불운을 맞게 된다.

연금술사를 화학자로 만든 화약

화약을 이용한 대포의 등장으로 해전의 양상도 달라졌다.

유럽의 일부 학자들은 최초로 화약을 만든 사람을 영국의 수도사이자 과학자였던 로저 베이컨이라고 주장한다. 베이컨은 기원전 12세기경의 트로이 전쟁이나 7세기에 벌어진 사라센군과 비잔틴 제국의 전쟁에서 꺼지지 않는 불인 '그리스의 불Greek fire, 그리스 화약이라고 번역하는 것보다는 불이라고 하는 것이 더 정확할 것 같다. 그리스의 불은 화약이라기보다는 네이팜탄과 같은 소이제에 가깝기 때문이다.' 이 사용되었다는 것을 알고 있었다. 그는 이것을 연구하여 그리스의 불이 황, 송진, 나프타, 생석회 등으로 만들어졌다는 것을 알아내고, 이를 바탕으로 최초로 흑색화약을 제조했다고 한다. 하지만 베이컨이 흑색화약을 제조했을 당시 이미 중국과 아랍은 화약무기를 사용하고 있었다. 따라서 화약은 중국인들이 처음으로 만들었다고 보는 것이 옳다.

화약은 서양의 연금술과 마찬가지로 중국의 연단술이라는 사이비 과학에서 만들어졌을 가능성이 많다. 연단술은 금단도라고도 하는데, 먹으면 불로불사할 수 있는 약을 만드는 것을 목표로 했다. 물론 이러한 약을 만들지는 못했고, 약의 원료로 수은이나 비소와 같은 물질을 사용하는 바람에 여러 명의 황제들이 중독으로 죽는 일도 생겼다. 연단술이 신비주의에 입각한 엉터리 과학이었지만 실험과정 중 여러 가지 약을 만들어 냈고, 특히 화약의 발명은 큰 성과로 여겨진다. 연단술의 실험에 화약의 원료가 되는 황이나 목탄, 초석 같은 것이 사용되었기 때문에 이러한 물질을 다루다가 화약이 발명되었을 것이다. 이렇게 중국에서 만들어진 화약이 아랍을 거쳐 서양으로 전해지면서 대포가 만들어지게 된 것이다. 중국은 화약무기에 대해 별다른 관심을 보이지 않았지만 이를 접한 서양의 국왕들은 앞다투어 대포에 대한 연구를 진행시켰다. 이때 국왕들이 화약에 대한 연구를 맡긴 사람들이 바로 궁중에서 돈만 축내고 있었던 연금술사들이었다. 이를 통해 연금술사들은 연금술이라는 사이비 과학에서 화약을 연구하는 화학자가 될 수 있었던 것이다.

많은 사람들이 화약이라고 하면 탄약이나 폭약 등의 파괴적인 무기를 만드는 재료 정도로 생각하겠지만 사실 화약은 인류 문명에 많은 공헌을 한 것도 사실이다. 화약이 가장 필요한 분야는 건설 분야이다. 대규모 건설 작업에 화약이 없다면 수많은 발파작업을 일일이 사람이 해야 하는 바람에 많은 건설비와 함께 위험이 따를 것이다. 화약이 없었다면 로켓의 아버지라 불리는 고다드는 로켓을 만들어 우주여행을 하겠다는 꿈을 키울 수 없었을 것이다.

0.03초 안에 본닛이 튀어올라와 보행자를 보호하는 PDBS에는 화약의 폭발력을 이용한다.

또한 화약은 사람의 목숨을 구하기도 한다. 차량 사고 시 운전자를 보호하는 데 큰 역할을 하는 인플레이터는 화약의 도움으로 에어백을 동작시킨다. 영국의 명차 재규어에 최초로 장착된 보행자 배치 본닛시스템PDBS: Pyrotechnic Pedestrian Deployable Bonnet System은 보행자를 보호하기 위해 화약에 의해 본닛이 열리게 되어 있다. 중요한 화약 성분인 니트로글리세린은 관상동맥을 확장시켜 협심증 환자의 흉통을 억제시키는 효과가 있다. 물론 최근에 비아그라가 이보다 효과가 좋다는 연구 결과가 있기는 하지만 니트로글리세린은 아직도 응급환자를 살리는 데 중요한 역할을 한다. 이와 같이 화약은 탄약으로 사용되어 문명을 파괴하는 데도 사용되었지만 사람의 목숨을 구하거나 질병을 치료하는 등 다양하게 사용되어 왔다.

로저 베이컨은 화약의 제조 방법을 알아낸 뒤 잘못된 사용을 막기 위해 제조 방법을 암호로 기록해 두었지만 결국 사람들은 대포와 총을 만들고 말았다. 이는 과학 기술의 평화적 사용이 몇몇 과학자들이 아니라 우리 모두에게 그 책임이 있다는 것을 뜻하는 것이다.

해피피트

Happy Feet, 2006

〈해피피트〉는 남극의 펭귄 왕국을 배경으로 펭귄들의 노래와 춤이 흥을 더해주는 워너 브라더스 사의 가족용 3D 뮤지컬 애니메이션이다. 이 영화는 1억 불이라는 막대한 제작비를 투입해 실사와 구분가지 않을 정도의 섬세한 묘사를 구현해 냈다. 또한 이 영화에는 〈반지의 제왕〉의 일라이저 우드와 〈엑스맨〉의 휴 잭맨, 그리고 니콜 키드만, 로빈 윌리엄스, 휴고 위빙, 브리트니 머피와 같은 쟁쟁한 할리우드 스타들이 목소리 연기를 하고 있어 영화를 더욱 매력적으로 만들고 있다. 지금부터 펭귄 왕국의 펭귄들과 함께 남극 탐험을 떠나 보자.

멈블이 살고 있는 펭귄 왕국에서는 노래를 통해 연인을 찾는 전통을 가지고 있다. 멈블의 친구인 글로리아는 펭귄 학교에서 가장 노래를 잘 부르는 장학생이지만 멈블은 거의 음치에 가깝다. 하지만 이러한 멈블에게도 재주가 있었으니 멈블은 태어날 때부터 탭댄스를 출 수 있는 독특한 능력을 가지고 있었다. 이러한 멈블의 능력은 사회질서를 어지럽힐 가능성이 있다는 이유로 펭귄 왕국의 리더인 노아에 의해 멈블은 추방당하게 된다. 펭귄 왕국에서 쫓겨난 멈블은 자신과는 조금 다른 모습을 한 펭귄 종족 '아델리에 아미고스'를 만난다. 라몬이 이끄는 아델리에 아미고스는 노아와 달리 멈블의 탭댄스를 아주 훌륭한 재주라면서 그의 탭댄스에 푹 빠져든다. 멈블은 아미고스 일당과 함께 여러 가지 모험을 하다 결국 인간 세상에 가게 되고, 그는 인간을 이끌고 다시 펭귄 왕국에 나타나게 된다.

남극은 어떤 곳인가?

멈블의 고향인 남극은 매우 추운 곳이다.

멈블이 태어난 곳은 남극. 멈블의 엄마 노마는 멤피스와 알을 남겨두고 먹이를 구하러 나간다. 남겨진 펭귄들은 남극의 매서운 추위에서 알과 자신을 지키기 위해 서로 모여든다. 시간이 흘러 알들이 깨지면서 새끼들이 태어나고 뒤늦게 멈블도 알에서 깨어난다. 멈블은 태어나자마자 독특한 스텝을 밟으며 춤다는 이야기를 한다. 그렇다면 남극은 어떤 곳이기에 이렇게 춥다는 것일까?

알려진 대로 남극은 지구상에서 가장 추운 지역이다. 하지만 놀랍게도 한때 남극은 가장 따뜻한 적도지역에 있었다. 즉 2억 2천만 년 전 초대륙 판게아가 북쪽의 로라시아와 남쪽의 곤드와나로 갈라지고, 곤드와나는 다시 남미, 아프리카, 인도, 호주 그리고 남극으로 갈라질 때 남극은 공룡이 살 만큼 따뜻한 곳이었다. 이후 계속 남쪽으로 이동하면서 기온이 점차 낮아지고 공룡이 멸종하게 된다. 과학자들의 연구에 따르면 1억 5천만 년 전까지도 공룡이 살았을 수도 있었을 것이라고 한다. 이때는 여름에는 기온이 20 ℃로 따뜻하지만 겨울에는 영하 30 ℃의 강추위에도 불구하고 공룡이 견딜 수 있었다는 것은 매운 놀라운 일이다.

고생대 말에서 중생대 초기에는 아프리카 대륙 · 인도 반도 · 오스트레일리아 · 남아메리카가 붙어 있었는데, 이를 곤드와나 대륙이라고 부른다.

남극 대륙은 남극 횡단산맥을 기준으로 동반구를 동 남극대륙, 서반구를 서 남극대륙이라고 부른다. 동 남극대륙은 선캄브리아대代 및 고생대 초기의 오래된 땅인 순상지로 구성되어 있으며, 서 남극대륙은 중생대에서 신생대 제3기에 걸친 새로운 땅으로 이루어져 있다.

제7의 대륙 남극은 얼음으로 덮인 지역까지 포함하면 약 1,360 km^2의 거대한 빙상으로 뒤덮인 설원의 세상이다. 남극 대륙은 평균 높이가 2,300 m로 대륙 가운데 가장 높다. 남극 대륙을 뒤덮고 있는 빙상은 평균 두께가 2,160 m이며 두꺼운 곳은 두께가 무려 5,000 m나 되는 것도 있다. 즉 5,000 m의 얼음 아래 땅이 있다는 것이다. 이렇게 얼음이 두꺼워 남극의 얼음이 모두 녹으면, 해수면은 60~70 m나 상승하게 된다. 하지만 이렇게 두꺼운 빙상으로 되어있다고 해서 남극에 엄청나게 많은 눈이 내리는 것은 아니다. 사실 남극은 지독한 사막이다. 온통 눈 천지인 땅을 사막이라고 부른다는 것이 이상하게 들릴지도 모른다. 그러나 남극은 연평균 63 cm 정도의 눈밖에 내리지 않는다. 이 정도의 눈은 겨우 10 cm 강우량과 같은 양으로 사하라 사막과 비슷한 강우량이다. 이렇게 건조한 남극에 수천 미터에 달하는 눈이 쌓인 것은 일단 내린 눈은 녹지 않고 계속 쌓이기만 하기 때문이다. 심지어 드라이 밸리 Dry Valley라는 지역은 최근 200만 년 동안 비나 눈이 거의 오지 않고 바람만 강하게 불어 눈이 모두 날아가거나 증발해 버려 땅이 드러나 있다. 드라이 밸리는 건조하고 추운 화성의 표면과 가장 비슷한 환경으로서 미항공우주국NASA의 과학자들은 화성탐사선 바이킹 호의 착륙 예행 연습장으로 활용하기도 했다.

남극 대륙은 온통 눈과 얼음으로 뒤덮여 있을 것이라고 생각하겠지만 드라이밸리와 같이 메마른 사막 지역도 있다.

눈이 쌓이고 얼어서 된 거대한 빙상은 그 자리에 그대로 있는 것이 아니라 대륙의 중심부에서 해안으로 서서히 이동한다. 대륙 내부에서는 1년에 5 m 정도 움직이며, 해안으로 오면 이동속도가 빨라져 1~1.5 km 정도 이동한다. 얼음이 이동하는 속도가 제각각이기 때문에 속도 차이에 의해 얼음 사이의 갈라진 틈인 크레바스가 생기는데, 남극을 탐험할 때 이곳에 빠지게 되면 죽을 수도 있는 매우 위험한 곳이다.

남극은 북극보다 더 추운 곳으로 여름이 되어봐야 평균 −33 ℃이고, 겨울은 −62 ℃로 내려가는 지구상에서 가장 추운 곳이다. 가장 추울 때는 −88 ℃까지 내려갔었다. 기온이 영상으로 올라가는 곳은 여름철 해안가 일부 지역밖에 없다. 이렇게 기온이 낮기 때문에 석유는 액체 상태가 아니라 겔 상태로 존재하며, 바닷물을 컵에 담으면 순식간에 얼어버린다.

남극의 폭풍

남극에 무섭게 불어오는 블리자드 폭풍을 뚫고 가는 멈블 일행

멈블 일행은 바다코끼리가 있는 지역을 지나 인간이 있는 금지된 해변으로 가다가 몸이 날려갈 만큼 강력한 폭풍을 만난다. 그들은 바람에 의해 뒤로 날려갔다가 힘들게 앞으로 전진 한다. 그렇다면 멈블 일행들이 힘들게 갈 만큼 남극에는 바람이 강하게 불까?

남극에는 풍력계급표에서 계급 9에 해당하는 큰센바람초속 20.8~24.4 m이 종종 분다. 이 정도 바람이면 굴뚝이 넘어지고, 기왓장이 날아갈 수 있는 아주 강력한 바람이다. 하지만 남극에는 이보다 강력한 계급 12초속 32.7 m 이상의 바람이 불기도 한다. 이 정도의 바람은 나무가 뿌리째 뽑힐 수 있는 아주 강한 바람이다. 남극에서 가장 강력한 바람은 초속 70 m 이상으로 추정되는데 이러한 바람에는 풍속계도 제 기능을 하지 못하며, 남극에 있는 우리의 세종기지도 견디지 못한다. 특히 남극에서 부는 이러한 폭풍은 블리자드blizzard로 불리는데, 풍속 14 m/s이상, 시정 500 ft약 150 m 이하인 상태를 가리킨다. 초속 20 m가 넘는 블리자드가 불면 50 cm 앞도 보지 못할 만큼 눈보라가 날리기 때문에 이때는 활동을 접고 기지에서 폭풍이 끝나기를 기다린다고 한다. 블리자드가 불 때 시계가 좋지 못한 것은 표면의 눈이 바람에 날리기 때문인데, 이렇게 날리는 눈은 내리는 눈과 구분이 잘 되지 않을 정도이다.

남극에는 어떤 생물들이 있을까?

도둑갈매기 일당에게 잡아먹힐 위기에 처한 어린 멈블

멈블과 그의 친구들은 펭귄들이다. 어린 멈블을 잡아먹으려 했던 새들은 갈매기이다. 또한 해표와 바다코끼리를 만났고, 범고래를 만났다. 그렇다면 남극에는 어떤 생물들이 살고 있을까?

어떤 생물도 살 수 없을 것 같은 남극에도 다양한 생물들이 살고 있다. 남극을 대표하는 펭귄을 포함하여 50여 종의 새가 살고 있으며, 꽃도 핀다. 차가운 남극의 바닷속에는 엄청난 양의 크릴새우모양이 새우를 닮았을 뿐 새우는 아니다가 살고 있어 고래나 펭귄, 해표의 주요한 먹이가 된다.

남극의 상징인 펭귄은 17종이 있으며, 모두 남극에 사는 것이 아니라 남아메리카 남쪽 해안과 오스트레일리아, 아프리카 남해 등 한류가 흐르는 해안에 퍼져 산다. 노아는 펭귄의 선조들이 날개를 버리고 지느러미를 선택했다고 하는데, 실제로 펭귄의 조상은 하늘을 날았을 것이라고 과학자들은 생각한다. 하늘을 날 수 있던 새가 바다에 적응하다 보니 물에서 잠수하기 적당한 구조로 진화한 것이다.

노마와 멤피스는 모두 황제펭귄이다. 황제펭귄은 암컷이 알을 놓고 먹이를 구하러 나가면 수컷들만 남아서 알을 품는다. 수컷은 영화 속에서와 같이 두 발을 가지런히 붙인 후 알을 그 위에 올리고 아랫배로 품어서 부화시킨다. 수컷의 체온으로 알을 품지 않는다면 기온이 영하 30 ℃ 아래로 내려가는 남극의 매서운 추위 속에서 알 속의 새끼가 죽어버릴 수 있기 때문에 멤피스는 알을 떨어트리자 깜짝 놀라는 것이다. 이렇게 두 달가량 알을 품고 있으면 바다로 갔던 암컷들이 돌아오지만 일부는 돌아오지 못한다. 다행히 노마는 멤피스 곁으로 돌아오지만 그동안 멤피스의 몸무게는 40 % 이상 줄게 된다. 이렇게 약해진 몸으로 멤피스는 먹이를 구하러 200 km 이상을 걸어가야 바다에 도달할 수 있다. 결국 멤피스는 4개월가량을 굶으면서 자신의 체지방만으로 추위를 견디면서 새끼를 부화시키게 된다. 펭귄의 몸이 아무리 추위에 견디기 좋은 구조라 하더라도 4개월 동안 아무것도 먹지 않고 견딜 수는 없다. 영화 속에서 펭귄들이 뭉쳐 있는 것에서 알 수 있듯이 남극의 추위 속에서도 38 ℃나 되는 자신의 체온을 유지하는 비결은 바로 협동이다. 펭귄들은 서로의 체온으로 열로 인한 에너지 손실을 막기 위해 끊임없이 밖과 안의 임무를 교대함으로써 굶주림과 추위를 견뎌내는 것이다. 재미있는 것은 영화 속에서도 새끼 황제펭귄들이 모여서 학교에 가듯 실제로도 황제펭귄은 새끼들을 모아 놓고 보호한다고 한다. 라몬이 이끄는 아델리에 아미고스 무리는 아델리 펭귄들이다. 이들은 남극에서 가장 많은 살고 있는 펭귄이다. 노란색 털이 인상적인 러브레이스는 마카로니 펭귄이다.

멈블은 정말 운이 좋은 펭귄이다. 도둑갈매기에게 잡아먹힐 뻔 했지만 탈출하고, 이번에는 바다표범에게서도 무사히 벗어난다.

멈블은 잠시 부모와 떨어져 혼자 있다가 스쿠아 도둑갈매기 일당의 먹이가 될 뻔 한다. 멈블은 운 좋게 먹이가 될 운명을 피하지만 스쿠아의 별명에서 알 수 있듯 이들은 펭귄의 알과 새끼를 훔쳐 먹는다. 멈블을 잡아먹으려 했던 마치 사나운 괴물처럼 보이는 동물은 웨들바다표범이다. 남극에는 물개로는 남극털잡이 물개 한 종류만 서식하고, 바다표범에는 게잡이바다표범, 웨들바다표범, 레오파드바다표범, 로스바다표범 그리고 멈블 일행이 만나게 되는 코끼리바다표범이 있다. 멈블 일행의 마지막 위협은 바로 범고래 killer whale이다. 범고래는 '바다의 폭군' 으로 불릴 만큼 난폭하고 강력하다. 하지만 범고래는 돌고래만큼 똑똑해서 사육을 통해 쇼를 펼치기도 한다. 거의 못 먹는 것이 없을 만큼 바다 생태계의 최상위 포식자로 심지어 자신보다 덩치가 큰 흰수염고래도 공격할 뿐 아니라 돌고래나 상어, 바다표범이나 물개와 같은 바다포유동물과 펭귄과 북극곰까지도 사냥한다.

아름다운 오로라

남극의 나이트클럽의 조명은 오로라일까? 펭귄들의 머리 위로 내려 비치고 있는 오로라가 너무나 아름답게 펼쳐진다.

글로리아와 펭귄 학교의 수많은 펭귄들은 아름다운 오로라 조명 아래에서 노래를 부른다. 물론 멈블은 노래를 잘 못하기 때문에 춤을 추기는 하지만 이들의 축제 장면은 마치 인간의 그것을 연상시킨다. 그런데 이렇게 아름다운 오로라는 어떻게 생기는 것일까?

태양은 우리가 흔히 따스하게 느끼는 태양복사에너지만 방출하는 것이 아니라 태양풍이라고 하는 수많은 하전 입자의 흐름도 만든다. 맹렬한 속도로 방출된 입자들은 지구 근방에서 초속 450 km라는 속도로 지구를 향해 달려온다. 태양을 향해 접근하는 혜성의 꼬리가 항상 태양 반대쪽을 향하는 것도 바로 이 태양풍 때문이다. 태양풍이라고 불리기는 하지만 지상에서 부는 바람과 같지는 않다. 태양풍은 바람과 비교하면 훨씬 밀도가 낮은 거의 진공 같은 상태이다1 cm^3에 겨우 몇 개의 입자밖에 없다. 태양풍은 플라스마라고 하는 이온들로 구성되어 있는데, 태양의 활동 정도에 따라 우주로 방출되는 양이 달라진다. 이 태양풍이 지구 자기장에 접근하면, 자기장에 이끌려 양극 쪽으로 끌려가서 산소와 질소 원자와 부딪히면서 발생된 아름다운 빛이 바로 오로라이다. 영화 속에서는 펭귄들의 머리 바로 위에서 오로라가 생긴 듯하지만 사실은 100~500 km의 높은 고도인 열권에서 생긴다.

영화 속에서 녹색 커튼 모양의 오로라가 펼쳐지는 것을 볼 수 있는

데, 실제로도 녹색의 오로라가 가장 흔하다. 녹색의 오로라는 산소 원자가 방출하는 파장 5577Å의 빛이며, 그 다음으로 흔한 것은 적색의 빛이다. 멈블의 고향에서는 거의 매일 밤에 오로라를 볼 수 있으며, 태양의 활동이 활발해져 자기폭풍이 불게 되면 오로라의 양도 증가한다.

남극의 물고기를 지켜라

멈블은 펭귄들이 물고기가 없어져 먹을 것이 없다고 걱정하자, 그것을 막겠다고 고기잡이배를 쫓아간다. 그러다가 사람들이 사는 해안에서 기절한 채로 발견된다. 그리고 동물원으로 옮겨진 멈블은 사람들에게 고기가 없어서 펭귄들이 살기 힘들다고 이야기를 하지만 아무도 알아듣지 못한다. 결국 탭댄스를 추는 신기한 펭귄으로 인정받아 다시 자신의 고향으로 돌아오게 된다. 고향으로 인간을 이끌고 온 멈블은 인간들에게 수만 마리의 펭귄 무리가 춤을 추는 장관을 보여준다. 이에 사람들은 펭귄을 보호하기 위해 남극 주변의 물고기 남획을 그만두게 된다.

고래잡이 기지였던 인간의 마을에 도착한 멈블 일행. 이곳에서 러브레이스의 목에 걸려있던 목줄의 정체를 알게 된다.

멈블 일행이 외계인을 찾아간 곳에는 인간들이 남기고 간 폐허만 존재한다. 그리고 고래 뼈만 남아 있었다. 또한 러브레이스의 목에 걸린 띠와 같은 것의 정체는 캔을 묶은 줄이었다. 멈블 일행이 본 것은 과거 인간들의 어업 전진 기지였던 것이다. 영화 속에 등장하는 것과 같이 과거 사람들은 남극에서 물속과 땅 위를 가리지 않고 남획을 일삼아 많은 동물을 거의 멸종 상태로까지 몰고 갔다.

남극에서 이러한 사냥이 시작된 것은 1772년 제임스 쿡James Cook 선장이 남 조지아섬을 발견한 때로 거슬러 올라간다. 쿡 선장은 3년의 항해를 통해 남극 부근의 고래와 물개에 대해 자세히 기술하였는데, 그는 남극을 온통 물개와 고래뿐인 쓸모없는 땅이라고 생각했다.

하지만 그의 보고서를 보고 사냥꾼들이 몰려들어 1800년대 초 수백만 마리의 물개들이 사냥을 당해 1830년대에는 거의 멸종 위기까지 갔었다. 물개들의 수가 줄어들자 이번에는 기름을 얻기 위해 코끼리바다표범을 잔인하게 도살하기 시작했다. 육지에서 활동이 느렸던 물개와 바다표범은 너무나 손쉬운 사냥감들이었고, 숙련된 사냥꾼은 하루에 수 십 마리의 물개를 죽여 껍질을 벗겼다. 물개와 바다표범이 거의 멸종상태에 도달하자 1920년대 이후에는 대규모 포경 선단에 의해 혹등고래와 흰수염고래들이 기름을 얻기 위한 인간의 손에 죽어 나갔다. 결국 고래 개체 수가 급격히 줄어들자 이번에는 남극대구나 이빨고기와 같은 물고기를 잡기 시작했고, 다음에는 남극 생태계의 기초가 되는 크릴을 잡기 시작했다. 이러한 남획에 의해 남극 주변의 생태계는 심각한 영향을 받자, 남극 생물자원의 남획을 막고 효율적인 관리를 하기 위해 남극 물개 보존협약이나 남극 해양생물자원 보존협약CCAMLR: Convention for the Conservation

육지에서 행동이 느린 물개는 손쉬운 사냥감이었다.

of the Antarctic Marine Living Resources과 같은 협약을 통해 관리하게 된 것이다. 남극 해양생물자원 보존협약은 1980년에 체결되고 1982년에 발효됨에 따라 남극 해양생물자원을 합리적으로 관리하게 되었고, 우리나라는 1985년도에 가입했다. CCAMLR은 과학자들의 자문을 통해 생물자원을 과학적으로 관리하며 남극 해양 생태계에 문제가 발생하지 않게 하는 역할을 한다.

남극의 에어리언?

멈블은 무모하게도 인간들의 어선을 쫓아가 자신들의 먹이인 물고기들이 줄어드는 이유를 알아낸다.

갈매기는 에어리언에게 납치되었다가 노란 링을 차게 되었으며, 러브레이스는 납치되었다가 목에 띠를 하게 되었다. 목의 띠를 벗기 위해 러브레이스와 멈블 일행은 에어리언이 있다는 곳으로 모험을 떠난다. 바다코끼리들은 그들을 파괴자라고 부르며 거대한 고래도 상대가 되지 않는다고 말한다. 그들이 말하는 에어리언은 다름 아닌 인간이다. 그렇다면 사람들은 왜 남극에 온 것일까?

쿡 선장이 남극부근을 항해하기는 했지만 남극 대륙을 직접 봤는지는 알려지지 않았다. 최초로 남극 대륙을 발견한 사람은 러시아의 벨링사우젠, 영국의 브란스필드, 미국의 팔머 중의 한 사람일 것이다. 이들은 1820년 각각 남극으로 항해해 남극 대륙을 보았을 것으로 추정되지만 누가 가장 먼저인지는 정확히 알 수 없다. 다만 최초로 물개잡이 배를 몰고 존 에이비스가 남극 대륙에 상륙한 것이 처음인 것 같다.

19세기 말에 들어서면서 남극에 대한 관심이 높아지면서 남극에는 많은 사람들이 몰려들었다. 대부분은 사냥과 어업을 위한 사람들이었지만 각국 정부의 후원을 받은 탐험가와 과학자들도 앞다투어 남극을 향했다. 노르웨이의 아문센Roald Amundsen과 영국의 스콧Robert Falcon Scott도 바로 남극점을 정복하려는 탐험가들이었다. 아문센은 개썰매로 스콧은 엔진 썰매로 각각 도전하여, 아문센이 스콧보다 33일 먼저 남극점에 도달한다. 스콧 탐험대는 계속되는 불운으로 결국 돌아오는 길에 모두 숨지고 말았다. 아문센과 스콧의 대결은 철저한 준비가 어떤 결과를 가져오는지를 알려주는 예로 흔히 이야기된다. 즉 남극 탐험에 앞서 철저한 계획을 세운 아문센이 몇 번의 경험만 믿고 준비를 소홀히 한 스콧 탐험대를 이기게 되었다는 것이다. 하지만 아문센의 탐험대가 어떤 과학적인 연구도 없이 오로지 극지만 정복한 데 비해 스콧과 그의 대원이었던 섀클턴Ernest Henry Shackleton과 프리스틀리Raymond Priestley는 생물학, 기상학, 지질학, 빙하학 등의 많은 과학 조사를 수행했다. 이후 극지 탐험은 각국의 영토 확장을 위한 목적으로 수행되는 경우가 많았으나 제2차 세계대전 후인 1957~1958년의 제3회 국제지구물리관측년IGY, International Geophysical Year을 기해서 남극에 대해 과학적인 연구가 활발하

스콧의 탐험대는 계속되는 불운으로 남극에서 돌아오는 길에 모두 사망한다.

게 이루어지게 된다.

남극은 단순히 추운 대륙이 아니라 과학적으로도 많은 중요성을 가지고 있다. 남극은 늦게 발견되었을 뿐 아니라 두꺼운 빙하로 덮혀 있어 아직도 우리에게 별로 알려진 것이 없다. 즉 남극이 지구 환경에서 차지하는 중요성에 비해 우리가 남극에 대해 아는 것이 너무 없는 것이다. 또한 인간의 발길이 닿지 않은 두꺼운 빙하는 지구의 환경의 역사를 고스란히 간직하고 있다. 즉 빙하 속에는 빙하가 형성될 당시의 기포가 포함되어 있는데, 이를 통해 당시의 환경을 알아낼 수 있게 된다. 그리고 남극의 생물을 연구하여 차가운 환경을 견디는 생물의 능력이나 남극의 환경 변화가 지구 기후에 미치는 영향에 대해서도 알 수 있게 된다. 이와 같이 남극에서만 연구할 수 있는 여러 가지 과학적인 연구과제가 많기 때문에 남극에 진출하는 국가와 연구소의 수가 증가하고 있는 것이다.

킹조지섬에 있는 세종과학기지

우리나라는 1986년 33번째로 남극조약에 서명하고, 1988년에 세종과학기지KARP, Korea Antarctic Research Program를 세웠다. 세종기지를 건설할 때만 해도 크릴조업과 남극의 무한한 자원개발에 참여할 수 있는 연고권 획득이 그 중요한 목적이었다. 하지만 지금은 초기의 이러한 목적뿐 아니라 남극의 기후나 빙하, 지질, 생물 등 다양한 과학적인 연구 활동을 펼치고 있다. 2012년 남극대륙에 제2기지가 건설되면 남극 연구에 대한 우리나라의 국제적 위상도 많이 높아질 것으로 전망된다.

찾아보기

영화로 새로 쓴
지구과학 교과서

저 자 • 최원석
발행인 • 조승식
발행처 • 도서출판 이치 SCIENCE
등록 • 제9-128호
주소 • 142-877 서울시 강북구 한천로 153길 17
www.bookshill.com
E-mail • bookswin@unitel.co.kr
전화 • 02-994-0583
팩스 • 02-994-0073

2010년 6월 10일 1판 1쇄 발행
2015년 8월 20일 1판 4쇄 발행

값 11,000원
ISBN 978-89-91215-66-5
세트 978-89-91215-62-7

* 잘못된 책은 구입하신 서점에서 바꿔드립니다.
* 이 도서는 (주)도서출판 북스힐에서 기획하여 도서출판 이치사이언스에서
출판된 책으로 (주)도서출판 북스힐에서 공급합니다.
142-877 서울시 강북구 한천로 153길 17
전화 • 02-994-0071 팩스 • 02-994-0073